地震标准汇编2009

（第一册）

中国地震局

地震出版社

图书在版编目（CIP）数据

地震标准汇编 2009/中国地震局．—北京：地震出版社，2010.7

ISBN 978-7-5028-3748-8

Ⅰ.①地… Ⅱ.①中… Ⅲ.①地震—标准—汇编—中国 Ⅳ.①P315-65

中国版本图书馆 CIP 数据核字（2010）第 082395 号

地震版 XT200900251

地震标准汇编 2009

中国地震局

责任编辑：李 玲

责任校对：樊 钰

出版发行：地 震 出 版 社

北京民族学院南路 9 号　　邮编：100081

发行部：68423031 68467993　　传真：88421706

门市部：68467991　　传真：68467991

总编室：68462709 68423029　　传真：68455221

E-mail：seis@ht.rol.cn.net

经销：全国各地新华书店

印刷：北京鑫丰华彩印有限公司

版（印）次：2010 年 7 月第一版　2010 年 7 月第一次印刷

开本：880×1230 1/16

字数：2632 千字

印张：82.25

印数：0001～2500

书号：ISBN 978-7-5028-3748-8/P（4388）

全套定价：320.00 元

前　　言

地震标准化是我国标准化工作的重要组成部分之一，是在国家标准化行政主管部门的指导下和中国地震局的领导下，从防震减灾工作的实际需要出发，按照国家标准化工作的基本政策和法律法规的规定，制定并实施的地震标准。自1999年首批发布实施3项国家标准，实现地震标准零的突破以来，在各方的支持下，通过广大技术人员和管理干部的艰苦努力，地震标准化工作已经取得了长足的进展。近十年来，本着夯实我国防震减灾工作的基础，提高防震减灾工作的管理水平和投资效益，提升业务工作质量，促进技术进步，切实做好与地震安全有关的各项工作，为全社会防震减灾和国民经济建设提供服务的宗旨，地震标准化工作在支撑防震减灾法制建设，推进我国防震减灾三大工作体系技术和管理的协调有序发展，建立我国防震减灾最佳工作秩序发挥了积极的作用。为了方便使用，更好地推广应用地震标准，中国地震局组织开展了地震标准汇编。

本汇编收集了2008年底之前发布的所有地震国家标准18项和2009年底之前发布的所有地震行业标准48项。

在本书的编辑过程中，所有标准都重新进行了审读，并纠正了原标准出版过程中的疏漏之处，必要之处还加有文字说明。尽管如此，本书在出版过程中可能仍会有某些疏漏，欢迎广大读者批评指正。

编者

2009年11月

目　录

第一册

第二册

第三册

ICS 91.120.25
P 15

中华人民共和国国家标准

GB 17740—1999

地震震级的规定

General ruler for earthquake magnitude

1999-04-26 发布 1999-11-01 实施

国家质量技术监督局 发布

前　言

本标准是根据中国地震局现行《地震台站观测规范》(1990)测定地震震级的原则制定的。

制定本标准的目的是为了规范地震震级的测定与社会应用。

制定本标准时，借鉴了国际各主要地震测报机构测报震级的方法和中国地震局的地震观测规范，对比了不同方案的利弊，广泛征求了有关专家的意见。

本标准沿用了中国测定震级的规定，以保证得到社会广泛应用的我国震级定量体系得以延续。

本标准由中国地震局提出并归口。

本标准起草单位：中国地震局地球物理研究所，中国地震局地壳应力研究所。

本标准主要起草人：许绍燮、陆远忠、郭履灿、陈培善、许忠淮、肖承邺、冯义钧。

本标准于1999年4月26日首次发布。

地震震级的规定

1 范围

本标准是地震震级 M 测定方法和使用的规定，适用于地震测定、地震预报、防震减灾、新闻报道等社会应用。

本标准不约束科学研究分析使用其他类型的震级。“地震震级 M”是本标准规定的震级，其他类型地震震级必须冠以限制词与添置注释符号。如：体波震级 m_b、近震震级 M_L、矩震级 M_W 等。地震震级 M 用地震面波测定。深震(震源深度大于 70 km)与小震不能用地震面波测定时，可用《地震台站观测规范》(1990)规定的的 m_b、M_L 测定。

2 定义

本标准采用下列定义。

2.1 地震震级 earthquake magnitude

对地震大小的相对量度。

2.2 地震面波 surface wave

地震激发的沿地球表面传播的地震波。

2.3 质点运动 particle motion

在地震波通过时，地球上任一点的运动。

2.4 地动位移 displacement of ground motion

地面质点运动时，相对于原静止点的距离。

2.5 质点运动速度 velocity of particle motion

质点运动时，其地动位移对时间的微商。

2.6 震中距 epicentral distance

地震震中至某一指定点的地面距离。

2.7 量规函数 calibration function

在不同震中距观测点上用质点运动速度最大幅值测定震级时，因地震波随距离衰减所需加的校正值，其数值相当于在该距离上测得质点运动速度为 1 μm/s 时相应地震的震级值。

3 地震震级 M 测定方法

地震震级 M，用地震面波质点运动最大值 $(A/T)_{max}$ 测定。

计算公式为：

$$M = \lg(A/T)_{max} + \sigma(\Delta)$$

式中：A —— 地震面波最大地动位移，取两水平分向地动位移的矢量和，μm；

T —— 相应周期，s；

Δ —— 震中距，(°)。

测量最大地动位移的两水平分量时，要取同一时刻或周期相差在 1/8 周之内的振动。若两分量周期不一致时，则取加权和：

$$T = (T_N A_N + T_E A_E)/(A_N + A_E)$$

式中：A_N—— 南北分量地动位移，μm；

A_E—— 东西分量地动位移，μm；

T_N—— A_N 的相应周期，s；

T_E—— A_E 的相应周期，s。

量规函数 $\sigma(\Delta)$ 为：

$$\sigma(\Delta) = 1.66\lg\Delta + 3.5$$

不应使用与表 1 中给出的值相差很大的周期来测定地震震级 M。

地震震级 M 应根据多台的平均值确定。

表 1　不同震中距 (Δ) 选用地震面波周期(T) 值

Δ/°	T/s	Δ/°	T/s	Δ/°	T/s
2	3 ~ 6	20	9 ~ 14	70	14 ~ 22
4	4 ~ 7	25	9 ~ 16	80	16 ~ 22
6	5 ~ 8	30	10 ~ 16	90	16 ~ 22
8	6 ~ 9	40	12 ~ 18	100	16 ~ 25
10	7 ~ 10	50	12 ~ 20	110	17 ~ 25
15	8 ~ 12	60	14 ~ 20	130	18 ~ 25

4　使用规定

4.1　地震信息提供

各级地震工作的部门或者机构提供地震信息时，应使用本规定地震震级。

4.2　地震新闻报道

新闻机构报道我国地震新闻时，应使用本规定地震震级。

4.3　地震预报发布

各级政府发布地震预报与各级地震工作的部门或者机构在制定地震监测预报方案时，应使用本规定地震震级。

4.4　防震减灾

各级政府与各级地震工作的部门或者机构在制定防震减灾规则与实施防震减灾措施时，应使用本规定地震震级。

4.5　地震震级认定

社会应用，应用国务院地震行政主管部门认定的地震震级 M 为准。

ICS 91.120.25
P 15

中华人民共和国国家标准

GB 17741—2005
代替 GB 17741—1999

工程场地地震安全性评价

Evaluation of seismic safety for engineering sites

2005-03-28 发布　　　　2005-10-01 实施

中华人民共和国国家质量监督检验检疫总局
中国国家标准化管理委员会　发布

前　言

本标准的 2、3、6.1.3、6.3.4、8.2.3、9.1.2、10.5.2、11.2.1、12.1.2、12.2.1、12.4.4 和 13.2.4 为推荐性的，其余的技术内容为强制性的。

本标准代替 GB 17741 — 1999《工程场地地震安全性评价技术规范》。

本标准与 GB 17741 — 1999 相比，主要有以下变化：

a）重新划分了工程场地地震安全性评价的工作分级，工作内容和适用对象调整如下：

—— Ⅰ级工作的内容不变，明确了核电厂地震安全性评价属于Ⅰ级工作；

—— 原Ⅱ级工作为现Ⅲ级工作，原Ⅲ级工作为现Ⅱ级工作；

—— Ⅳ级工作的内容由地震烈度复核变为地震动峰值加速度复核。

b）删除了原文本的第 4 章“符号”和所有计算公式；

c）增加了“发震构造”、“空间分布函数”、“弥散地震”、“超越概率”和“地震动反应谱特征周期”5 个术语及其定义；

d）增加了“地震动峰值加速度复核”一章，并规定了具体工作要求；

e）调整了部分内容的层次和章节划分，修订了部分内容的技术要求，修改了部分文字的表述和措词。

本标准由中国地震局提出。

本标准由全国地震标准化技术委员会(SAC/TC 225)归口。

本标准起草单位：中国地震局地球物理研究所、中国地震局地质研究所、中国地震局地壳应力研究所、中国地震局地震预测研究所、中国地震局工程力学研究所。

本标准主要起草人：胡聿贤、张裕明、高孟潭、唐荣余、陈国星、李小军、赵凤新、薄景山、徐宗和、金严、鄢家全、陶夏新、吴建春、杜玮、陶裕录、韦开波、冯义钧。

引　言

GB 17741 — 1999 实施 4 年来，在新建、扩建、改建建设工程及大型厂矿企业、城镇、经济建设开发区的选址，抗震设防要求的确定，发展规划及防震减灾对策的制定等工作中发挥了重要作用。

本次修订依据 GB 18306 — 2001《中国地震动参数区划图》及 4 年来地震安全性评价工作经验。

对 GB 17741 — 1999 进行修订的主要原因：

a）GB 18306 — 2001 已不采用地震烈度表征地震动，工程场地地震安全性评价应与之协调一致；

b）GB 17741 — 1999 中的工作分级已不能完全满足建设工程抗震设防的需求，应对工作分级进行调整，并对工作内容和要求作相应修改；

c）按 GB 18306 — 2001 的使用规定，工程场地地震安全性评价需相应增加地震动峰值加速度复核的内容。

工程场地地震安全性评价

1 范围

本标准规定了工程场地地震安全性评价的技术要求和技术方法。

本标准适用于各类建设工程选址与抗震设防要求的确定、防震减灾规划、社会经济发展规划等工作中所涉及的工程场地地震安全性评价。

2 规范性引用文件

下列文件中的条款通过本标准的引用而成为本标准的条款。凡是注日期的引用文件，其随后所有的修改单(不包括勘误的内容)或修订版均不适用于本标准，然而，鼓励根据本标准达成协议的各方研究是否可使用这些文件的最新版本。凡是不注日期的引用文件，其最新版本适用于本标准。

GB/T 18207.1 — 2000 防震减灾术语 第一部分：基本术语

GB 18306 — 2001 中国地震动参数区划图

GB 50267 — 1997 核电厂抗震设计规范

3 术语和定义

GB/T 18207.1 — 2000 确立的以及下列术语和定义适用于本标准。

3.1

地震构造 seismic structure

与地震孕育和发生有关的地质构造。

3.2

活动构造 active structure

晚第四纪以来有活动的构造，包括活动断层、活动褶皱、活动盆地、活动隆起等。

3.3

发震构造 seismogenic structure

曾发生和可能发生破坏性地震的地质构造。

3.4

构造类比 structure analog

一种地震活动性分析方法，该方法认为，具有同样构造标志的地区有发生同样强度地震的可能。

3.5

活动断层 active fault

晚第四纪以来有活动的断层。

3.6

断层活动段 active fault segment

在一活动断层上，活动历史、几何形态、性质、地震活动和运动特性等具有一致性的地段。

3.7

能动断层 capable fault

可能引起地表或近地表明显错动的断层。

3.8

古地震 paleo - earthquake

没有文字记载、采用地质学方法发现的地震。

3.9

地震区　seismic region

地震活动性和地震构造环境均相类似的地区。

3.10

地震带　seismic belt

地震活动性与地震构造条件密切相关的地带。

3.11

地震构造区　seismic tectonic zone

具有同样地质构造和地震活动性的地理区域。

3.12

弥散地震　diffuse earthquake

在地震构造区内，与已确认的发震构造无关的最大潜在地震。

3.13

本底地震　background earthquake

一定地区内没有明显构造标志的最大地震。

3.14

潜在震源区　potential seismic source zone

未来可能发生破坏性地震的地区。

3.15

空间分布函数　spatial distribution function

地震危险性概率分析中，表征地震带内各震级档地震发生在每个潜在震源区可能性的函数。

3.16

震级档　magnitude interval

地震危险性概率分析中的震级分档间隔。

注：一般取0.5级。

3.17

震级下限　lower limit magnitude

地震危险性概率分析中，影响工程场地地震危险性的最小地震震级。

3.18

震级上限　upper limit magnitude

地震危险性概率分析中，地震带或潜在震源区内可能发生的最大地震的震级极限值。

3.19

地震动参数　ground motion parameter

表征地震引起的地面运动的物理参数，包括峰值、反应谱和持续时间等。

3.20

超越概率　probability of exceedance

在一定时期内，工程场地可能遭遇大于或等于给定的地震烈度值或地震动参数值的概率。

3.21

地震动反应谱特征周期　ground motion characteristic period of response spectrum

规准化的反应谱曲线开始下降点所对应的周期值。

3.22

场地相关反应谱　site-specific response spectrum

考虑地震环境和场地条件影响所得到的地震反应谱。

3.23

地震地质灾害　earthquake induced geological disaster

在地震作用下，地质体变形或破坏所引起的灾害。

4　工程场地地震安全性评价工作分级

工程场地地震安全性评价工作划分为以下四级：

a) Ⅰ级工作包括地震危险性的概率分析和确定性分析、能动断层鉴定、场地地震动参数确定和地震地质灾害评价。适用于核电厂等重大建设工程项目中的主要工程；

b) Ⅱ级工作包括地震危险性概率分析、场地地震动参数确定和地震地质灾害评价。适用于除Ⅰ级以外的重大建设工程项目中的主要工程；

c) Ⅲ级工作包括地震危险性概率分析、区域性地震区划和地震小区划。适用于城镇、大型厂矿企业、经济建设开发区、重要生命线工程等；

d) Ⅳ级工作包括地震危险性概率分析、地震动峰值加速度复核。适用于 GB 18306 — 2001 中 4.3 条 b)、c) 规定的一般建设工程。

5　区域地震活动性和地震构造评价

5.1　区域范围和图件比例尺

5.1.1　区域范围取对工程场地地震安全性评价有影响的范围，应不小于工程场地外延 150 km。

5.1.2　区域地震构造图比例尺应采用 1∶1 000 000，其他图件比例尺应不小于 1∶2 500 000。

5.1.3　所有图件应标明工程场地位置。

5.2　地震活动性

5.2.1　地震资料收集与目录编制，应符合以下要求：

a) 根据地震部门正式公布的地震目录和地震报告，收集相关的地震资料；

b) 历史地震资料应包括区域内自有地震记载以来的全部破坏性地震事件；

c) 区域性地震台网地震资料应包括区域内自有区域性地震台网观测以来可定震中参数的全部地震事件；

d) 编制区域破坏性地震目录，包括发震时间、地点、震级、震源深度及定位精度等。

5.2.2　震中分布图的编制，应符合以下要求：

a) 分别编制破坏性地震震中分布图、区域性地震台网记录的地震震中分布图；

b) 注明资料起止年代；

c) 注明主要地震的震级和发震日期；

d) 区分出浅源、中源和深源地震。

5.2.3　地震活动时空特征的分析应包括：

a) 不同时段各级地震的可靠性与相对完整性；

b) 地震的空间分布特征；

c) 震源深度分布特征；

d) 地震活动时间分布特征；

e) 未来地震活动水平。

5.2.4　应收集、补充本区域震源机制解资料，编制震源机制解分布图。

5.2.5　应收集、分析对工程场地有影响的历史地震烈度资料。

5.3　地震构造

5.3.1　Ⅰ级工作，应有下列工作内容：

a）收集区域地质构造和地球物理场资料，分析其与地震活动的关系；

b）编制区域大地构造单元划分图、地质构造图和新构造图；

c）编制区域布格重力异常图、航磁异常图和地壳结构图；

d）建立区域地球动力学模型。

5.3.2 Ⅱ、Ⅲ、Ⅳ级工作，应收集区域地质构造资料，分析区域内地震发生的大地构造和新构造背景。

5.3.3 对工程场地地震安全性评价结果可能产生较大影响的断层，资料不充分时，应补充下列工作：

a）查明断层最新活动时代、性质和运动特性；

b）进行断层活动性分段；

c）分析重点地段古地震的强度及活动期次。

5.3.4 应根据实地调查和已有资料分析，编制地震构造图，地震构造图应包括以下内容：

a）第四纪以来活动的主要断层及其活动时代；

b）活动断层的性质；

c）第四纪以来活动的盆地及其性质；

d）现代构造应力场方向；

e）破坏性地震震中位置。

5.4 综合评价

5.4.1 应评价区域地震活动特征。

5.4.2 应评价区域地震构造环境，分析不同震级档的地震构造条件。

6 近场区地震活动性和地震构造评价

6.1 近场区范围和图件比例尺

6.1.1 近场区范围应不小于工程场地及其外延 25 km。

6.1.2 近场区地震构造图和震中分布图比例尺应不小于 1∶250 000，Ⅰ级工作应不小于 1∶100 000。

6.1.3 活动构造细节图件，根据需要选定比例尺。探槽剖面图比例尺宜取 1∶10～1∶50，地质和地貌平面图和剖面图比例尺宜取 1∶100～1∶1 000。

6.2 地震活动性

6.2.1 对破坏性地震的参数有疑问时，应进行资料核查和现场调查。

6.2.2 Ⅰ级工作，应对近场区内震级小于 4.7 级的仪器记录地震重新定位。

6.2.3 应编制近场区地震震中分布图，分析其与活动构造的关系。

6.2.4 Ⅰ级工作，应利用震源机制、小地震综合断层面解资料，进行局部构造应力场分析。

6.3 地震构造

6.3.1 应收集第四纪地质和地貌资料，分析第四纪构造活动特点。Ⅰ级工作应进行现场勘察，编制第四纪地质构造剖面图和平面图。

6.3.2 应对主要断层进行详细的活动性鉴定，包括活动时代、性质、运动特性和分段等，并判定其最大潜在地震的震级。

6.3.3 在覆盖区，已有资料不能确定已知主要断层的活动时代时，应选用地球物理、地球化学、地质钻探和测年等手段进行勘查。

6.3.4 宜收集地壳形变和考古资料，分析现代构造活动特点。

6.3.5 Ⅰ级工作应在工程场地及其外延 5 km 的范围内进行能动断层鉴定。

6.3.6 应编制近场区地震构造图，近场区地震构造图应包括以下内容：

a）第四纪以来有活动的主要断层及其活动时代；

b）活动断层的性质；

c）第四系分布及其厚度；

d）第四纪盆地的范围及其活动性质；

e）破坏性地震震中位置。

6.4 综合评价

6.4.1 应综合评价近场区地震活动特征。

6.4.2 应综合评价近场区发震构造。

7 工程场地地震工程地质条件勘测

7.1 场地勘测

7.1.1 场地范围应为工程建设规划的范围。

7.1.2 应收集、整理和分析相关的工程地质、水文地质、地形地貌和地质构造资料。

7.1.3 应进行场地工程地质条件调查、钻探和原位测试。

7.1.4 应编制钻孔分布图及柱状图。

7.1.5 地震小区划应编制工程地质分区图。

7.1.6 钻探应符合下列规定：

a）Ⅰ级工作应有不少于三个深度达到基岩或剪切波速不小于 700 m/s 的钻孔；

b）Ⅱ级工作的钻孔布置应能控制工程场地的工程地质条件，控制孔应不少于两个；地震小区划场地钻孔布置应能控制土层结构和工程场地内不同工程地质单元，每个工程地质单元内应至少有一个控制孔；

c）Ⅱ级工作和地震小区划，控制孔应达到基岩或剪切波速不小于 500 m/s 处，若控制孔深度超过 100 m 时，剪切波速仍小于 500 m/s，可终孔，应进行专门研究。

7.2 地震地质灾害场地勘查

7.2.1 地基土液化

应调查历史地震造成的液化现象，勘查地下水位、可能液化土层的埋藏深度，测定标准贯入锤击数和颗粒组成。Ⅰ级工作应符合 GB 50267 — 1997 中 5.3 条的规定。

7.2.2 软土震陷

应收集和调查软土层厚度分布及软土震陷等资料。

7.2.3 崩塌、滑坡、地裂缝和泥石流

应收集和调查地形坡度、岩石风化程度、古河道、崩塌、滑坡、地裂缝和泥石流等资料。

7.2.4 海啸与湖涌

Ⅰ级工作应收集历史海啸与湖涌对工程场地及附近地区的影响资料。

7.2.5 地表断层

应收集地震引起的地表和近地表断层的分布、产状、活动性质、断层带宽度、位错量及覆盖层厚度等资料。

7.3 场地岩土力学性能测定

7.3.1 应进行分层岩土剪切波速的原位测量和密度的测定。

7.3.2 应测定剪变模量比与剪应变关系曲线、阻尼比与剪应变关系曲线。Ⅰ级工作应对各层土样进行动三轴和共振柱试验；Ⅱ级工作和地震小区划应对有代表性的土样进行动三轴或共振柱试验。

7.3.3 进行竖向地震反应分析时，应取得纵波速度值、压缩模量比与轴应变关系曲线、阻尼比与轴应变关系曲线。

8 地震动衰减关系确定

8.1 基础资料

8.1.1 应收集区域及邻区的等震线图或地震烈度资料。

8.1.2 应收集区域及邻区的强震动观测资料。

8.2 基岩地震动衰减关系

8.2.1 在基岩地震动衰减模型中，应考虑地震动峰值加速度和反应谱的高频分量在大震级和近距离的饱和特性。

8.2.2 具有足够强震动观测资料的地区，应采用统计回归方法确定地震动衰减关系。

8.2.3 缺乏强震动观测资料的地区，可采用转换方法确定地震动衰减关系。

8.2.4 应论述地震动衰减关系的适用性，Ⅰ级工作应进一步论证其合理性。

8.2.5 强度包络函数应表现上升、平稳和下降三个阶段的特征。

8.2.6 应确定强度包络函数特征参数与震级、距离的关系。

8.3 地震烈度衰减关系

8.3.1 应采用有仪器测定震级的地震烈度资料确定地震烈度衰减关系。

8.3.2 地震烈度衰减模型应体现近场烈度饱和并与远场有感范围相协调。

8.3.3 应将确定的地震烈度衰减关系和实际地震烈度资料进行对比，论述其适用性。

9 地震危险性的确定性分析

9.1 地震构造法

9.1.1 应依据地震活动和地质构造划分地震构造区，确定弥散地震。

9.1.2 宜根据断层活动时代、力学性质、地震活动性等对活动断层进行分段，确定发震构造。

9.1.3 应根据各断层活动段的尺度、活动特点、最大历史地震和古地震，判定最大潜在地震。

9.1.4 确定工程场地地震动参数，应遵照下列规定：

a）将最大潜在地震置于其可能发生范围内距工程场地最近处；

b）考虑衰减关系的不确定性，分别计算工程场地的地震动参数；

c）计算结果中的最大值为地震构造法所确定的地震动参数。

9.2 历史地震法

9.2.1 应计算历史地震在工程场地处的地震动参数。

9.2.2 应根据历史地震的记载与调查资料，确定工程场地的烈度值，转换得到地震动参数。

9.2.3 应将计算和转换结果中的最大值作为历史地震法所确定的地震动参数。

9.3 结果的确定

应取地震构造法和历史地震法结果中较大者作为地震危险性确定性分析的结果。

10 地震危险性的概率分析

10.1 地震区和地震带划分

10.1.1 应依据地震活动空间分布的分区性和地震与活动构造区的相似性划分地震区。

10.1.2 应在地震区内依据地震活动空间分布的成带性和地震与活动构造带的一致性划分地震带。

10.2 潜在震源区划分

10.2.1 应在地震带内划分潜在震源区。

10.2.2 综合判定潜在震源区时应考虑下列标志：

a）破坏性地震震中；

b）微震和小震密集带；

c）古地震遗迹地段；

d）地震空间分布图像的特征地段；

e）断层活动段；

f）晚第四纪断陷盆地；

g）活动断层的端部、转折处或交汇处等特殊部位。

10.2.3 应根据地震活动空间分布图像和地震构造几何特征确定潜在震源区边界。

10.2.4 应考虑各个潜在震源区主破裂取向，确定其方向性函数。

10.3 地震活动性参数的确定

10.3.1 地震活动性参数应包括：

a）地震带的震级上限；

b）地震带的震级下限；

c）地震带的震级-频度关系；

d）地震带的地震年平均发生率；

e）地震带的本底地震震级及其年平均发生率；

f）潜在震源区的震级上限；

g）潜在震源区各震级档空间分布函数。

10.3.2 确定地震带的地震活动性参数应符合下列要求：

a）按地震带内历史地震的最大震级和地震构造特征，确定地震带的震级上限；

b）考虑地震资料的完整性、可靠性、代表性以及必要的样本量，统计确定震级-频度关系；

c）根据地震活动趋势确定地震带的地震年平均发生率；

d）根据区域地震活动水平和震源深度确定震级下限；

e）本底地震震级，应取地震带内潜在震源区震级上限的最低值减去0.5。

10.3.3 确定潜在震源区的地震活动性参数应符合下列要求：

a）依据下列因素确定潜在震源区震级上限：

——潜在震源区内最大地震震级；

——构造类比结果；

——古地震强度；

——地震活动图像判定的结果。

b）潜在震源区震级上限按0.5级分档。

c）按各潜在震源区资料依据的充分程度和相应各震级档地震发生的可能性大小确定空间分布函数。

10.4 地震危险性分析计算

10.4.1 应给出地震动参数超越概率曲线。

10.4.2 计算地震动反应谱时，周期点的分布应能控制反应谱形状，数目应不少于15个。

10.5 不确定性校正

10.5.1 应考虑地震动衰减关系不确定性校正。

10.5.2 宜分析潜在震源区及地震活动参数不确定性对结果的影响。

10.6 结果表述

10.6.1 Ⅰ、Ⅱ、Ⅲ级工作应以表格形式给出对工程场地地震危险性起主要作用的各潜在震源区的贡献；Ⅳ级工作应说明起主要作用的潜在震源区。

10.6.2 根据工程需要，应以图和表格的形式给出不同年限、不同超越概率的地震动参数。

11 区域性地震区划

11.1 基本规定

11.1.1 应根据地震危险性概率分析结果，编制地震区划图。

11.1.2 地震区划图的概率水平应根据工程的特性和重要性确定。

11.1.3 区域地震活动性和地震构造评价，应符合第5章的规定。

11.1.4 近场区地震活动性和地震构造评价，应符合第6章的规定。

11.1.5 按第8章的规定，建立适合于区划范围的地震动衰减关系。

11.1.6 计算控制点的间距，应不大于地理经纬度0.1°。在结果变化较大的地段，应加密控制点。

11.2 结果表述

11.2.1 地震区划图比例尺宜采用1:500000。

11.2.2 地震区划图采用分区线或等值线表述。

11.2.3 根据计算结果确定分区界线时应考虑下列因素：

a）潜在震源区和地震活动性参数的可变动范围及其对结果的影响；

b）地形、地貌的差异；

c）区划参数的精度。

11.2.4 地震区划图应编写相应的使用说明。

12 场地地震动参数确定和地震地质灾害评价

12.1 场地地震动参数和时程的确定

12.1.1 场地地震动参数应包括场地地表及工程建设所要求深度处的地震动峰值和反应谱。

12.1.2 反应谱宜以规准化形式表示。

12.1.3 自由基岩场地，应根据地震危险性分析结果确定场地地震动参数：

a）Ⅰ级工作，应综合考虑确定性方法和概率方法的结果确定场地地震动参数；

b）Ⅱ级和Ⅲ级工作，应根据概率方法的结果确定场地地震动参数。

12.1.4 土层场地，应建立场地地震反应分析模型，进行场地地震反应分析，并基于场地地震反应分析结果确定场地地震动参数。

12.1.5 应根据工程需要，依据场地地震动参数合成场地地震动时程。

12.2 场地地震反应分析模型的建立

12.2.1 Ⅰ级、Ⅱ级工作和地震小区划，地面、土层界面及基岩面均较平坦时，可采用一维分析模型；土层界面、基岩面或地表起伏较大时，宜采用二维或三维分析模型。

12.2.2 确定地震输入界面时应符合下列规定：

a）Ⅰ级工作应采用钻探确定的基岩面或剪切波速不小于700 m/s的层顶面作为地震输入界面；

b）Ⅱ级工作和地震小区划应采用下列三者之一作为地震输入界面：

—— 钻探确定的基岩面；

—— 剪切波速不小于500 m/s的土层顶面；

—— 钻探深度超过100 m，且剪切波速有明显跃升的土层分界面或由其他方法确定的界面。

12.2.3 选用二维或三维分析模型时，应考虑边界效应。

12.3 场地土层模型参数的确定

12.3.1 Ⅰ级工作应根据土力学性能测定结果确定模型参数。

12.3.2 Ⅱ级工作和地震小区划应由土力学性能测定结果及相关资料确定模型参数。

12.4 输入地震动参数的确定

12.4.1 Ⅰ级工作的基岩地震动参数应按确定性方法和概率方法得到的结果确定。

12.4.2 Ⅱ级工作和地震小区划的基岩地震动参数应按概率方法得到的结果确定。

12.4.3 合成适合工程场地的基岩地震动时程，应符合下列要求：

a）Ⅰ级工作，反应谱的拟合应符合GB 50267 — 1997中第4.4.2.3条的规定；

b）Ⅱ级工作和地震小区划，反应谱的周期控制点在对数坐标轴上应合理分布，个数不得少于50个，控制点谱的相对误差应小于5%；应给出三个以上相互独立的基岩地震动时程。

12.4.4 本地有强震动记录时，宜充分利用其合成适合工程场地的基岩地震动时程。

12.4.5　应按基岩地震动时程幅值的50%确定输入地震波。

12.5　场地地震反应分析与场地相关反应谱的确定

12.5.1　一维模型土层厚度应划分得足够小，使层内各点剪应变幅值大体相等，计算可用等效线性化波动法。

12.5.2　二维及三维模型采用有限元法求解时，有限元网格在波传播方向的尺寸应在所考虑最短波长的$\frac{1}{12}\sim\frac{1}{8}$范围内取值。

12.5.3　应根据场地反应分析得到的地震动时程，计算场地相关反应谱。

12.5.4　应根据计算所得到的场地相关反应谱，综合确定场地地震动参数。

12.6　工程场地地震地质灾害评价

12.6.1　应根据工程场地工程地质条件，确定工程场地地震地质灾害类型，评价其影响程度。

12.6.2　根据断层活动性调查结果，评价断层的地表错动特征及其对工程场地的影响。

13　地震小区划

13.1　工作内容

地震小区划应包括地震动小区划和地震地质灾害小区划。

13.2　地震动小区划

13.2.1　地震动小区划应包括地震动峰值与反应谱小区划。

13.2.2　地震动小区划应符合下列要求：

a）根据工程场地工程地质分区图，选择有代表性的控制点或工程地质剖面；

b）按12.1~12.5的规定，计算控制点或工程地质剖面的地震反应，确定控制点上的地震动参数。

13.2.3　应根据控制点上的地震动参数，并结合工程地质分区结果，编制给定概率水平的工程场地地震动峰值和反应谱分区图或等值线图。

13.2.4　相邻分区或两条等值线，地震动峰值的差别宜不小于20%，反应谱特征周期的差别宜不小于0.05 s。

13.2.5　应编写地震动小区划图说明。

13.3　地震地质灾害小区划

13.3.1　应按12.6条的规定，评价工程场地地震地质灾害的类型、程度及其分布。

13.3.2　应编制给定概率水平地震作用下的地震地质灾害小区划图。

13.3.3　应编写地震地质灾害小区划图说明。

14　地震动峰值加速度复核

地震动峰值加速度复核应符合下列要求：

a）应按第6章的要求，对工程近场区地震活动和地震构造资料进行收集和补充调查，对相关潜在震源区及参数进行论证；

b）应采用编制中国地震动参数区划图所使用的地震动峰值加速度衰减关系；

c）应确定50年超越概率10%的工程场地基岩地震动峰值加速度；

d）应根据中硬场地与基岩场地地震动参数的对应关系，确定中硬场地的地震动峰值加速度，并按GB 18306 — 2001《中国地震动参数区划图》的分区原则进行归档，作为复核结果。

ICS 91.120.25
P 15

中华人民共和国国家标准

GB/T 17742—2008
代替 GB/T 17742—1999

中国地震烈度表

The Chinese seismic intensity scale

2008-11-13 发布　　2009-03-01 实施

中华人民共和国国家质量监督检验检疫总局
中国国家标准化管理委员会 发布

前　言

本标准代替 GB/T 17742—1999《中国地震烈度表》。

本标准与 GB/T 17742—1999 相比，主要修订内容如下：

——将评判烈度的房屋类型由原标准的一类扩展为三类，增加旧式房屋和按照Ⅶ度抗震设防的砖砌体房屋；

——在Ⅵ度～Ⅻ度房屋震害程度描述中，具体给出各类房屋主要破坏等级数量；

——明确了原标准中平均震害指数值的适用范围，并使相邻烈度的平均震害指数值相互搭接，给出按照Ⅶ度抗震设防的砖砌体房屋平均震害指数值；

——在器物反应中增加家具和物品倾倒现象，并将器物反应评定烈度延伸到Ⅶ度，用液化现象评定烈度延伸到Ⅷ度；

——删除树梢折断、人畜伤亡相关内容；

——调整数量词对应的百分比范围，分档范围相互搭接；

——新增破坏等级和对应的震害指数条款以及平均震害指数计算公式；

——对原标准的结构、部分条款进行了修改。

本标准由中国地震局提出。

本标准由全国地震标准化技术委员会(SAC/TC 225)归口。

本标准起草单位：中国地震局工程力学研究所、中国地震局地球物理研究所。

本标准主要起草人：孙景江、袁一凡、温增平、李小军、杜玮、林均岐、李山有、张令心、刘爱文、赵凤新、孟庆利、吕红山。

本标准于 1999 年 4 月 26 日首次发布，本次修订为第 1 次修订。

引　言

GB/T 17742—1999《中国地震烈度表》自发布实施以来，在地震烈度评定中发挥了重要作用。由于国家经济发展，城乡房屋结构发生很大变化，抗震设防的建筑比例增加，同时旧式民房仍然存在，这些都需要在地震烈度评定中考虑。

本次修订充分利用了大量的已有震害资料和地震烈度评定经验，借鉴参考了国外地震烈度表，利用了汶川地震部分震害资料。修订中保持了与原地震烈度表的一致性和继承性，增加了评定地震烈度的房屋类型，修改了在地震现场不便操作或不常出现的评定指标。

中国地震烈度表

1 范围

本标准规定了地震烈度的评定指标，包括人的感觉、房屋震害程度、其他震害现象、水平向地震动参数。

本标准适用于地震烈度评定。

2 术语和定义

下列术语和定义适用于本标准。

2.1

地震烈度 seismic intensity

地震引起的地面震动及其影响的强弱程度。

2.2

震害指数 damage index

房屋震害程度的定量指标，以0.00到1.00之间的数字表示由轻到重的震害程度。

2.3

平均震害指数 mean damage index

同类房屋震害指数的加权平均值，即各级震害的房屋所占比率与其相应的震害指数的乘积之和。

3 等级和类别划分

3.1 地震烈度等级划分

地震烈度划分为12等级，分别用罗马数字Ⅰ、Ⅱ、Ⅲ、Ⅳ、Ⅴ、Ⅵ、Ⅶ、Ⅷ、Ⅸ、Ⅹ、Ⅺ和Ⅻ表示。

3.2 数量词的界定

数量词采用个别、少数、多数、大多数和绝大多数，其范围界定如下：

a）“个别”为10%以下；

b）“少数”为10%~45%；

c）“多数”为40%~70%；

d）“大多数”为60%~90%；

e）“绝大多数”为80%以上。

3.3 评定烈度的房屋类型

用于评定烈度的房屋，包括以下三种类型：

a）A类：木构架和土、石、砖墙建造的旧式房屋；

b）B类：未经抗震设防的单层或多层砖砌体房屋；

c）C类：按照Ⅶ度抗震设防的单层或多层砖砌体房屋。

3.4 房屋破坏等级及其对应的震害指数

房屋破坏等级分为基本完好、轻微破坏、中等破坏、严重破坏和毁坏五类，其定义和对应的震害指数 d 如下：

a）基本完好：承重和非承重构件完好，或个别非承重构件轻微损坏，不加修理可继续使用。对应的震害指数范围为 $0.00 \leq d < 0.10$；

b）轻微破坏：个别承重构件出现可见裂缝，非承重构件有明显裂缝，不需要修理或稍加修理即可继续使用。对应的震害指数范围为0.10≤d<0.30；

c）中等破坏：多数承重构件出现轻微裂缝，部分有明显裂缝，个别非承重构件破坏严重，需要一般修理后可使用。对应的震害指数范围为0.30≤d<0.55；

d）严重破坏：多数承重构件破坏较严重，非承重构件局部倒塌，房屋修复困难。对应的震害指数范围为0.55≤d<0.85；

e）毁坏：多数承重构件严重破坏，房屋结构濒于崩溃或已倒毁，已无修复可能。对应的震害指数范围为0.85≤d≤1.00。

4 地震烈度评定

4.1 按表1划分地震烈度等级。

表1 中国地震烈度表

地震烈度	人的感觉	房屋震害			其他震害现象	水平向地震动参数	
		类型	震害程度	平均震害指数		峰值加速度 m/s²	峰值速度 m/s
Ⅰ	无感	—	—	—	—	—	—
Ⅱ	室内个别静止中的人有感觉	—	—	—	—	—	—
Ⅲ	室内少数静止中的人有感觉	—	门、窗轻微作响	—	悬挂物微动	—	—
Ⅳ	室内多数人、室外少数人有感觉，少数人梦中惊醒	—	门、窗作响	—	悬挂物明显摆动，器皿作响	—	—
Ⅴ	室内绝大多数、室外多数人有感觉，多数人梦中惊醒	—	门窗、屋顶、屋架颤动作响，灰土掉落，个别房屋墙体抹灰出现细微裂缝，个别屋顶烟囱掉砖	—	悬挂物大幅度晃动，不稳定器物摇动或翻倒	0.31（0.22~0.44）	0.03（0.02~0.04）
Ⅵ	多数人站立不稳，少数人惊逃户外	A	少数中等破坏，多数轻微破坏和/或基本完好	0.00~0.11	家具和物品移动；河岸和松软土出现裂缝，饱和砂层出现喷砂冒水；个别独立砖烟囱轻度裂缝	0.63（0.45~0.89）	0.06（0.05~0.09）
		B	个别中等破坏，少数轻微破坏，多数基本完好				
		C	个别轻微破坏，大多数基本完好	0.00~0.08			

表1(续)

<table>
<tr><th rowspan="3">地震烈度</th><th rowspan="3">人的感觉</th><th colspan="3">房屋震害</th><th rowspan="3">其他震害现象</th><th colspan="2">水平向地震动参数</th></tr>
<tr><th rowspan="2">类型</th><th rowspan="2">震害程度</th><th rowspan="2">平均震害指数</th><th rowspan="2">峰值加速度 m/s²</th><th rowspan="2">峰值速度 m/s</th></tr>
<tr></tr>
<tr><td rowspan="3">Ⅶ</td><td rowspan="3">大多数人惊逃户外，骑自行车的人有感觉，行驶中的汽车驾乘人员有感觉</td><td>A</td><td>少数毁坏和/或严重破坏，多数中等和/或轻微破坏</td><td rowspan="2">0.09~0.31</td><td rowspan="3">物体从架子上掉落；河岸出现塌方，饱和砂层常见喷水冒砂，松软土地上地裂缝较多；大多数独立砖烟囱中等破坏</td><td rowspan="3">1.25
(0.90~1.77)</td><td rowspan="3">0.13
(0.10~0.18)</td></tr>
<tr><td>B</td><td>少数中等破坏，多数轻微破坏和/或基本完好</td></tr>
<tr><td>C</td><td>少数中等和/或轻微破坏，多数基本完好</td><td>0.07~0.22</td></tr>
<tr><td rowspan="3">Ⅷ</td><td rowspan="3">多数人摇晃颠簸，行走困难</td><td>A</td><td>少数毁坏，多数严重和/或中等破坏</td><td rowspan="2">0.29~0.51</td><td rowspan="3">干硬土上出现裂缝，饱和砂层绝大多数喷砂冒水；大多数独立砖烟囱严重破坏</td><td rowspan="3">2.50
(1.78~3.53)</td><td rowspan="3">0.25
(0.19~0.35)</td></tr>
<tr><td>B</td><td>个别毁坏，少数严重破坏，多数中等和/或轻微破坏</td></tr>
<tr><td>C</td><td>少数严重和/或中等破坏，多数轻微破坏</td><td>0.20~0.40</td></tr>
<tr><td rowspan="3">Ⅸ</td><td rowspan="3">行动的人摔倒</td><td>A</td><td>多数严重破坏或/和毁坏</td><td rowspan="2">0.49~0.71</td><td rowspan="3">干硬土上多处出现裂缝，可见基岩裂缝、错动，滑坡、塌方常见；独立砖烟囱多数倒塌</td><td rowspan="3">5.00
(3.54~7.07)</td><td rowspan="3">0.50
(0.36~0.71)</td></tr>
<tr><td>B</td><td>少数毁坏，多数严重和/或中等破坏</td></tr>
<tr><td>C</td><td>少数毁坏和/或严重破坏，多数中等和/或轻微破坏</td><td>0.38~0.60</td></tr>
<tr><td rowspan="3">Ⅹ</td><td rowspan="3">骑自行车的人会摔倒，处不稳状态的人会摔离原地，有抛起感</td><td>A</td><td>绝大多数毁坏</td><td rowspan="2">0.69~0.91</td><td rowspan="3">山崩和地震断裂出现；基岩上拱桥破坏；大多数独立砖烟囱从根部破坏或倒毁</td><td rowspan="3">10.00
(7.08~14.14)</td><td rowspan="3">1.00
(0.72~1.41)</td></tr>
<tr><td>B</td><td>大多数毁坏</td></tr>
<tr><td>C</td><td>多数毁坏和/或严重破坏</td><td>0.58~0.80</td></tr>
</table>

表 1(续)

<table>
<tr><th rowspan="2">地震烈度</th><th rowspan="2">人的感觉</th><th colspan="3">房屋震害</th><th rowspan="2">其他震害现象</th><th colspan="2">水平向地震动参数</th></tr>
<tr><th>类型</th><th>震害程度</th><th>平均震害指数</th><th>峰值加速度 m/s²</th><th>峰值速度 m/s</th></tr>
<tr><td rowspan="3">Ⅺ</td><td rowspan="3">—</td><td>A</td><td rowspan="3">绝大多数毁坏</td><td rowspan="2">0.89～1.00</td><td rowspan="3">地震断裂延续很大；大量山崩滑坡</td><td rowspan="3">—</td><td rowspan="3">—</td></tr>
<tr><td>B</td></tr>
<tr><td>C</td><td>0.78～1.00</td></tr>
<tr><td rowspan="3">Ⅻ</td><td rowspan="3">—</td><td>A</td><td rowspan="3">几乎全部毁坏</td><td rowspan="3">1.00</td><td rowspan="3">地面剧烈变化，山河改观</td><td rowspan="3">—</td><td rowspan="3">—</td></tr>
<tr><td>B</td></tr>
<tr><td>C</td></tr>
<tr><td colspan="8">注：表中给出的“峰值加速度”和“峰值速度”是参考值，括弧内给出的是变动范围。</td></tr>
</table>

4.2 评定地震烈度时，Ⅰ度～Ⅴ度应以地面上以及底层房屋中的人的感觉和其他震害现象为主；Ⅵ度～Ⅹ度应以房屋震害为主，参照其他震害现象，当用房屋震害程度与平均震害指数评定结果不同时，应以震害程度评定结果为主，并综合考虑不同类型房屋的平均震害指数；Ⅺ度和Ⅻ度应综合房屋震害和地表震害现象。

4.3 以下三种情况的地震烈度评定结果，应作适当调整：

a) 当采用高楼上人的感觉和器物反应评定地震烈度时，适当降低评定值；

b) 当采用低于或高于Ⅶ度抗震设计房屋的震害程度和平均震害指数评定地震烈度时，适当降低或提高评定值；

c) 当采用建筑质量特别差或特别好房屋的震害程度和平均震害指数评定地震烈度时，适当降低或提高评定值。

4.4 当计算的平均震害指数值位于表1中地震烈度对应的平均震害指数重叠搭接区间时，可参照其他判别指标和震害现象综合判定地震烈度。

4.5 各类房屋平均震害指数 D 可按式(1)计算：

$$D = \sum_{i=1}^{5} d_i \lambda_i \qquad \cdots\cdots(1)$$

式中：

d_i—— 房屋破坏等级为 i 的震害指数；

λ_i—— 破坏等级为 i 的房屋破坏比，用破坏面积与总面积之比或破坏栋数与总栋数之比表示。

4.6 农村可按自然村，城镇可按街区为单位进行地震烈度评定，面积以 1 km^2 为宜。

4.7 当有自由场地强震动记录时，水平向地震动峰值加速度和峰值速度可作为综合评定地震烈度的参考指标。

ICS 91.120.25
P 15

中华人民共和国国家标准

GB/T 18207.1—2008
代替 GB/T 18207.1—2000

防震减灾术语
第1部分:基本术语

Terminology of protecting against and mitigating earthquake disasters—Part 1: Basic terms

2008-06-06 发布　　2008-10-01 实施

中华人民共和国国家质量监督检验检疫总局
中国国家标准化管理委员会　发布

前　言

GB/T 18207《防震减灾术语》分为二个部分：

——第1部分：基本术语；

——第2部分：专业术语。

本部分为GB/T 18207的第1部分。

本部分代替GB/T 18207.1—2000《防震减灾术语　第1部分：基本术语》。

本部分与GB/T 18207.1—2000相比有如下变化：

a）依据《中华人民共和国防震减灾法》修订工作的需要和颁布实施的《地震监测管理条例》增加了地震灾害等级、地震监测等方面的术语和定义14条；

b）删除了不适于纳入本部分的术语10条；

c）修改和完善了32条术语的定义。

本部分由中国地震局提出。

本部分由全国地震标准化技术委员会(SAC/TC 225）归口。

本部分起草单位：中国地震局地球物理研究所、中国地震局地震预测研究所、中国地震台网中心。

本部分主要起草人：陈运泰、张国民、孙其政、孙士鋐、陈鑫连、刘锡荟、杜玮、曹学锋、黎益仕、冯义钧、肖承邺。

本部分所代替标准的历次版本发布情况为：

——GB/T 18207.1—2000。

防震减灾术语
第1部分：基本术语

1 范围

本部分规定了防震减灾的基本术语，适用于防震减灾有关工作及制定防震减灾有关法规和标准，也适用于科研、教学、新闻、出版。

2 规范性引用文件

下列文件中的条款通过GB/T 18207的本部分的引用而成为本部分的条款。凡是注日期的引用文件，其随后所有的修改单(不包括勘误的内容)或修订版均不适用于本部分，然而，鼓励根据本部分达成协议的各方研究是否可使用这些文件的最新版本。凡是不注日期的引用文件，其最新版本适用于本部分。

GB 17740—1999 地震震级的规定

GB/T 17742 中国地震烈度表

JGJ/T 97—1995 工程抗震术语标准

3 地震

3.1

地震 earthquake

大地震动。包括天然地震(构造地震、火山地震)、诱发地震(矿山采掘活动、水库蓄水等引发的地震)和人工地震(爆破、核爆炸、物体坠落等产生的地震)。一般指天然地震中的构造地震。

3.2

震源 earthquake source；seismic source

产生地震的源。

3.3

震级 magnitude

对地震大小的相对量度。

[GB 17740—1999中的2.1]

3.4

地震构造 seismotectonics

与地震有关的地质构造。

3.5

地震烈度 seismic intensity

地震引起的地面震动及其影响的强弱程度。

[GB/T 17742]

3.6

地震波 seismic wave

地震时从震源发出的，在地球内部和沿地球表面传播的波。

3.7

震中　epicentre

震源在地面上的投影。

3.8

极震区　meizoseismal area

一次地震破坏或影响最重的区域。

3.9

宏观震中　macro－epicentre

极震区的几何中心。

3.10

震源距　hypocentral distance

震源至某一指定点的距离。

3.11

震中距　epicentral distance

震中至某一指定点的地面距离。

[GB 17740—1999 中的 2.6]

3.12

(宏观)震中烈度　(macro)epicentral intensity

极震区的地震烈度。

3.13

无感地震　feltless earthquake

震中附近的人不能感觉到的地震。

3.14

有感地震　felt earthquake

震中附近的人能够感觉到的地震。

3.15

极微震　ultra－microearthquake

震级 <1 级的地震。

3.16

微震　micro－earthquake

1 级≤震级 <3 级的地震。

3.17

小［地］震　small earthquake

3 级≤震级 <5 级的地震。

3.18

中［等］地震　moderate earthquake

5 级≤震级 <7 级的地震。

3.19

大［地］震　large earthquake

震级≥7 级的地震。

3.20

特大地震　great earthquake

震级≥8 级的地震。

3.21

破坏性地震 destructive earthquake

造成人员伤亡或经济损失的地震。

3.22

严重破坏性地震 severely destructive earthquake

造成严重的人员伤亡或经济损失，使灾区丧失或部分丧失自我恢复能力，需要国家采取相应行动的地震。

3.23

地方震 local earthquake

震中距在1°以内的地震。

注：1°≈111 km。

3.24

区域性地震 regional earthquake

震中距在1°～13°范围内的地震。

注：也有定义为1°～10°。

3.25

远震 teleseism；teleseimic earthquake

震中距在30°～180°范围内的地震。

注：也有定义为20°～180°或9°～180°。

3.26

地震活动性 seismicity

在一定时间、空间范围内地震发生的强度、频度、时间和空间等方面的分布规律和特征。

4 地震监测预报

4.1

地震前兆 earthquake precursor

地震前出现的与该地震孕育和发生相关联的现象。

4.2

地震观测 earthquake observation

对地震活动及地球物理、地球化学、地形变动等相关现象的观察与测量。

4.3

地震监测 earthquake monitoring

以防震减灾和监测地下核爆炸为目的的地震观测。

4.4

地震预测 earthquake prediction

对未来地震的发生时间、地点和震级进行估计和推测。

4.5

地震重点监视防御区 key area for earthquake surveillance and protection

未来一定时间内，可能发生地震并造成灾害，需要加强防震减灾工作的区域。

4.6

地震重点危险区 critical earthquake risk area

未来一年或稍长时间内可能发生5级以上地震的区域。

4.7

震情 earthquake situation

有关地震活动和地震影响的情况。

4.8

震情会商 earthquake situation consultation

对震情进行分析与研究的专门会议。

4.9

地震预报 earthquake forecast

政府向社会公告可能发生地震的时域、地域、震级范围等信息的行为。

4.10

地震长期预报 long-term earthquake forecast

对未来十年内可能发生地震灾害的地域的预报。

4.11

地震中期预报 intermediate-term earthquake forecast

对未来一年或二年内可能发生地震灾害的地域和震级范围的预报。

4.12

地震短期预报 short-term earthquake forecast

对三个月内将要发生地震的时间、地点、震级的预报。

4.13

临震预报 imminent earthquake forecast

对十日内将要发生地震的时间、地点、震级的预报。

4.14

震后地震趋势判定 evaluation of post-earthquake trend

对社会产生影响的地震发生后，对地震影响地区近期内地震活动形势发展的分析判断。

4.15

地震速报 rapid earthquake information report

对已发生地震的时间、地点、震级等的快速测报。

4.16

地震监测台［站］ earthquake monitoring station

设置地震监测设施并开展地震监测的基层机构。

4.17

地震监测台网 earthquake monitoring network

由若干地震监测台站组成的地震监测网络/体系。

4.18

全国地震监测台网 nation/country-wide earthquake monitoring network

全国各级地震监测台网的总称，由国家地震监测台网、省级地震监测台网和市、县地震监测台网组成。

4.19

专用地震监测台网 specific earthquake monitoring network

由大型水库、油田、矿山、石油化工、交通等重大工程建设单位建设和管理的地震监测台网。

4.20

地震监测预报方案 program/scheme for earthquake monitoring and forecast

由地震重点监视防御区所在的地震主管部门或机构制定的地震监测台网布局、震情跟踪措施和地震预报对策等方案的总称。

4.21

地震监测设施　facility for earthquake monitoring

开展地震监测的仪器、设备、装置，以及配套的监测场地、山洞、井等的统称。

4.22

流动地震监测　mobile earthquake monitoring

为某项研究任务或震情跟踪工作需要开展的野外地震监测。

4.23

地震台阵　seismic array

将有规则排列分布的地震仪器连接起来，采用专门技术进行信号处理的地震观测系统。

4.24

地震观测环境　environment for earthquake observation

地震监测设施能够正常工作所要求的周围环境。

4.25

强震动观测　strong motion observation

记录强震动和工程结构地震反应的地震观测。

5　地震灾害预防

5.1

地震灾害　earthquake disaster

地震造成的人员伤亡、财产损失、环境和社会功能的破坏。

5.2

地震原生灾害　primary earthquake disaster

地震直接造成的灾害。

5.3

地震次生灾害　secondary disaster of earthquake

地震造成工程结构、设施和自然环境破坏而引发的灾害。如火灾、爆炸、瘟疫、有毒有害物质污染以及水灾、泥石流和滑坡等对居民生产和生活区的破坏。

5.4

地震灾害等级　earthquake disaster level

地震灾害大小的级别划分。

5.5

一般地震灾害　minor earthquake disaster

造成20人以下人员死亡或一定经济损失的地震灾害；发生在人口较密集地区5.0级~6.0级地震所造成的灾害。

5.6

较大地震灾害　moderate earthquake disaster

造成20人~50人员死亡或较大经济损失的地震灾害；发生在人口较密集地区6.0级~6.5级地震所造成的灾害。

5.7

重大地震灾害　major earthquake disaster

造成50人~300人员死亡或重大经济损失，且地震直接经济损失不超过该省(自治区、直辖市)上年生产总值1%的地震灾害；发生在人口较密集地区6.5级~7.0级地震所造成的灾害。

5.8

特别重大地震灾害　significant earthquake disaster

造成300人以上人员死亡，或地震直接经济损失占该省(自治区、直辖市)上年生产总值1%以上的地震灾害；发生在人口较密集地区7.0级以上地震所造成的灾害。

5.9

地震灾害预测　earthquake disaster prediction

对未来地震可能造成的灾害作出估计。

5.10

地震灾害预防　earthquake disaster prevention

避免和减轻地震灾害的防御性工作。

5.11

地震对策　earthquake countermeasure

防御和减轻地震灾害的策略。

5.12

群测群防　mass monitoring and prevention

群众性的监测地震活动和防御地震灾害的行为。

5.13

重大建设工程　major construction project

对社会有重大价值或者有重大影响的工程。主要指地震发生后，一旦遭到破坏会造成重大社会影响和重大经济损失的建设工程。

5.14

地震基本烈度　basic intensity

一个地区在未来一定时期内、一定场地条件和超越概率水平下可能遭遇的地震烈度。例如，1990年颁布的《中国地震烈度区划图》定义地震基本烈度为：50年期限内，一般场地条件下，可能遭遇超越概率为10%的地震烈度。

5.15

地震区划　seismic zoning

以地震烈度、地震动参数为指标，对研究区域地震影响程度的区域划分。

5.16

抗震设防要求　requirement for fortification against earthquake

建设工程抗御地震破坏的准则和在一定风险水准下抗震设计采用的地震烈度或地震动参数。

5.17

地震危险性分析　seismic risk analysis

用确定性方法或概率计算方法给出工程场地或某一区域在未来一定时间内可能遭遇的地震烈度或地震动参数值。

5.18

地震安全性评价　seismic safety evaluation

根据对建设工程场地条件和场地周围的地震活动与地震地质环境的分析，按照工程设防的风险水准，给出与工程抗震设防要求相应的地震烈度和地震动参数，以及场地的地震地质灾害预测结果。

5.19

抗震性能鉴定　evaluation of earthquake resistant capability

检查现有工程的设计、施工质量和现状，按规定的抗震设防要求，对其在地震作用下的安全性进行评估。

[JGJ/T 97 — 1995 中的 2.1.5]

5.20

抗震加固措施 strengthening measure for earthquake resistance

为使现有建设工程达到规定的抗震设防要求所采取的增强强度、提高延性、加强整体性和改善传力途径等措施。

5.21

抗震设计 earthquake resistance design

对地震区的工程结构进行的一种专业设计。一般包括概念设计、结构抗震计算和抗震构造措施三个方面。

[JGJ/T 97 — 1995 中的 5.1.1]

5.22

抗震设计规范 seismic design code

建设工程达到抗震设计要求所遵循的原则和具体技术性规定。

6 地震应急与救援

6.1

地震应急 earthquake emergency response

破坏性地震发生前所做的各种应急准备以及地震发生后采取的紧急抢险救灾行动。

6.2

地震应急期 earthquake emergency response period

为减轻地震灾害，采取应急措施的时段。

6.3

地震应急预案 pre - plan for earthquake emergency response

预先编制的地震应急方案。

6.4

地震应急演练 earthquake emergency response exercise

为防止和减轻未来地震灾害而开展的模拟训练。

6.5

地震应急指挥机构 earthquake emergency response administration

指挥和组织地震应急工作的临时行政机构。

6.6

地震应急救援 earthquake emergency rescue

对地震灾区采取的紧急抢救与援救行动。

6.7

地震避难场所 earthquake shelter

为应对破坏性地震，安置居民临时生活区或疏散人员的安全场所。

7 震后救灾与重建

7.1

地震灾情 earthquake disaster situation

地震造成的人员伤亡、经济损失以及社会影响等情况。

7.2

地震灾区 earthquake stricken area

地震发生后，遭受人员伤亡、经济损失的地区。

7.3

生命搜寻与救助　post-earthquake search and rescue

破坏性地震发生后搜寻并收容幸存者，实行急救和基本医疗援助的过程。

7.4

地震烈度评定　seismic intensity evaluation

根据受地震影响地区的宏观和微观地震资料，确定该地区的地震烈度。

7.5

地震灾害损失评估　earthquake loss assessment

对地震灾害造成的损失的程度作出评定与估计。

7.6

震后恢复与重建　post-earthquake recovery and reconstruction

使地震灾区的生产、生活和社会功能恢复基本正常以及对地震破坏的建(构)筑物、公共设施的修复与建设。

7.7

地震遗迹　earthquake remains

地震留下的痕迹，包括震毁、震损或地震影响区域内完好的建(构)筑物及地震活动产生的地质、地形、地貌变动的痕迹等。

7.8

地震遗址　earthquake relic

地震遗迹所在的地方。

中 文 索 引

英文索引

B

C

D

E

F

G

H

I

K

L

M

N

P

R

S

T

U

P

R

S

T

U

ICS 91.120.25
P 15

中华人民共和国国家标准

GB/T 18207.2—2005

防震减灾术语
第2部分:专业术语

Terminology of protecting against and mitigating earthquake disasters—Part 2: Special technical terms

2005-03-28 发布　　2005-10-01 实施

中华人民共和国国家质量监督检验检疫总局
中国国家标准化管理委员会　发布

前　言

GB/T 18207《防震减灾术语》分为二个部分：

—— 第 1 部分：基本术语(GB/T 18207.1 — 2000)；

—— 第 2 部分：专业术语。

本部分为 GB/T 18207 的第 2 部分。

本部分由中国地震局提出。

本部分由全国地震标准化技术委员会(SAC/TC 225)归口。

本部分起草单位：中国地震局地球物理研究所、中国地震局地质研究所、中国地震局地壳应力研究所、中国地震局分析预报中心、湖北省地震局、中国地震局工程力学研究所、中国地震局地震台网中心。

本部分主要起草人：李裕澈、车用太、徐宗和、张少泉、刘瑞丰、钱家栋、吴云、王孝信、孙士铉、赵仲和、陈英方、徐锡伟、李世愚。

防震减灾术语
第2部分：专业术语

1 范围

本部分规定了防震减灾专业技术领域使用的术语和定义。

本部分适用于防震减灾有关工作及制定防震减灾有关法律、法规、标准等，也适用于科研、教学、新闻、出版。

2 规范性引用文件

下列文件中的条款通过本标准的引用而成为本部分的条款。凡是注日期的引用文件，其随后所有的修改单(不包括勘误的内容)或修订版均不适用于本部分，然而，鼓励根据本标准达成协议的各方研究是否可使用这些文件的最新版本。凡是不注日期的引用文件，其最新版本适用于本部分。

GB/T 17159 — 1997　大地测量术语

GB/T 17741 — 2004　工程场地地震安全性评价技术规范

GB 18208.2 — 2001　地震现场工作　第二部分：建筑物安全鉴定

GB/T 18208.3 — 2000　地震现场工作　第三部分：调查规范

GB/T 18306 — 2001　中国地震动参数区划图

GB/T 19531.1 — 2004　地震台站观测环境技术要求　第1部分：测震

GB/T 19531.2 — 2004　地震台站观测环境技术要求　第2部分：电磁观测

GB/T 19531.3 — 2004　地震台站观测环境技术要求　第3部分：地壳形变观测

GB/T 19531.4 — 2004　地震台站观测环境技术要求　第4部分：地下流体观测

GB 50267 — 1997　核电厂抗震设计规范

DB/T 11.1 — 2000　地震数据分类与代码　第一部分：基本类别

JGJ/T 97 — 1995　工程抗震术语标准

3 地震

3.1 地震种类

3.1.1

天然地震　spontaneous earthquake

地球内部活动引发的地震，主要包括构造地震和火山地震。

3.1.1.1

构造地震　tectonic earthquake

构造活动引发的地震。

3.1.1.2

火山地震　volcanic earthquake

火山活动引发的地震。

3.1.2

诱发地震　induced earthquake

人类活动引发的地震，主要包括矿山诱发地震和水库诱发地震。

3.1.2.1

矿山诱发地震　mining - induced earthquake

矿山开采诱发的地震。

3.1.2.2

水库诱发地震　reservoir - induced earthquake

水库蓄水或水位变化弱化了介质结构面的抗剪强度，使原来处于稳定状态的结构面失稳而引发的地震。

3.1.3

陷落地震　collapse earthquake

由于地下岩层陷落引起的地震。

3.1.4

板内地震　intraplate earthquake

发生在板块内部的地震，主要包括大洋地震和大陆地震。

3.1.4.1

大洋地震　oceanic earthquake

发生在大洋地壳中的板内地震。

3.1.4.2

大陆地震　continental earthquake

发生在大陆地壳中的板内地震。

3.1.5

板间地震　interplate earthquake

发生在板块边界的地震。

3.1.6

浅［源地］震　shallow - focus earthquake

震源深度小于60 km的地震。

3.1.7

中源地震　intermediate earthquake

震源深度在60 km～300 km范围内的地震。

3.1.8

深［源地］震　deep - focus earthquake

震源深度大于300 km的地震。

3.1.9

地震参数　seismic parameter

描述地震基本特征的物理量。

3.1.9.1

发震时刻　origin time

地震波开始传播的时刻。

3.1.9.2

震中位置　epicentral location

震中的地理经度和地理纬度。

3.1.9.3

震源深度　focal depth

震源与震中的距离。

3.1.9.4

近震震级　local magnitude

地方震级

用近震记录测定的地震震级，用 M_L 表示。

3.1.9.5

体波震级　body wave magnitude

用地震体波测定的震级。其中用短周期体波记录测定的以 m_b 表示；用中周期体波记录测定的以 m_B 表示。国际上通用 M_b 表示。

3.1.9.6

面波震级　surface wave magnitude

用地震面波记录测定的地震震级，用 M_S 表示。

3.1.9.7

矩震级　moment magnitude

用地震矩换算的震级，用 M_W 表示。

3.1.9.8

地震能量　seismic energy

地震时震源辐射的弹性波的能量。

3.1.9.9

断层面解　fault plane solution

根据地震波记录获得的表示断层错动面的几何参数，包括：断层面走向、倾向、倾角和3个主应力轴的空间位置。

3.1.9.10

地震矩　seismic moment

对地震大小的一种绝对量度，用 M_0 表示。

3.1.9.11

震源尺度　focal dimension

从地震记录求得的表征震源大小的参数。

3.1.9.12

地震位错　earthquake dislocation

地震断层错动的距离和方向。

3.1.9.13

［地震］应力降　［seismic］stress drop

地震前后断层面上应力的下降值。

3.2　地震活动性

3.2.1

地震发生率　earthquake occurrence rate

在给定的时间、空间和强度范围内，某个单位时间内地震发生的平均次数。

3.2.2

地震频度　earthquake frequency

一定时空范围内，单位时间内发生的地震次数。

3.2.3

震级-频度关系　magnitude-frequency relation

不同震级与相对应的地震个数之间的关系，又称“古登堡—里克特关系”，用 $\lg N = a - bM$ 表示。N 为对应一定震级 M 的次数，常数 a 表示地震活动总水平，b 是表示大小震级地震的比例系数，说明地震活动性特征。

3.2.4

地震复发间隔　seismic recurrence interval

同一活动断层段上相继发生的两次震级相近的地震之间的时间间隔。

3.2.5

地震周期　earthquake period

特定活动断层段或一个地区从弹性应变能积累到释放所需的时间。

3.2.6

前震　foreshock

地震序列中，主震前的所有地震的统称。

3.2.7

主震　mainshock

地震序列中的最大地震。如果地震序列中有两个最大地震，称为双主震。

3.2.8

余震　aftershock

地震序列中，主震后的所有地震的统称。

3.2.9

地震活跃期　seismically active period

地震活动频度相对较高，强度相对较大的时段。

3.2.10

地震平静期　seismically quiet period

地震活动频度相对较低，强度相对较弱的时段。

3.2.11

地震序列　earthquake sequence

某一时间段内连续发生在同一震源体内的一组按次序排列的地震。

3.3　活动构造

3.3.1

活动构造　active tectonics

晚第四纪以来有活动的构造，包括活动断层、活动褶皱、活动盆地、活动隆起等。

3.3.2

活动断层　active fault

晚第四纪以来有活动的断层。

3.3.2.1

地震活动断层　seismo-active fault

曾发生和可能发生地震的活动断层。

3.3.2.2

隐伏活动断层　buried active fault

被第四纪松散沉积物覆盖的，在地表没有醒目迹线的活动断层。

3.3.2.3

能动断层　capable fault

地表或近地表处有可能引起明显错动的活动断层。

3.3.2.4

断错地貌 offset landform

断层错动形成的地貌形态。

3.3.3

发震构造 seismogenic structure

曾发生和可能发生破坏性地震的地质构造。

3.3.4

地震构造区 seismotectonic province

具有同样地质构造和地震活动性的地理区域。

3.3.5

地震地表破裂带 earthquake surface rupture zone

震源断层错动在地表产生的破裂和形变的总称，由地震断层、地震鼓包、地震裂缝、地震沟槽等组成。

注：改写 GB/T 18208.3 — 2000，定义 3.12。

3.3.5.1

地震断层 earthquake fault

震源错动在地表形成的断层。

注：改写 GB/T 18208.3 — 2000，定义 3.14。

3.3.5.2

地震褶皱 earthquake fold

伴随地震形成的快速弯曲变形。

3.3.5.3

地震鼓包 eathquake mole track

地震地表破裂带内次级斜列断层不连续挤压阶区的小型隆起和褶皱，也称挤压脊。

3.3.5.4

地震裂缝 earthquake ground fissure

地震造成的没有明显错动的地面裂缝。

3.3.5.5

原生地表破裂 primary surface rupture

地震过程中构造因素产生的地表破裂。

3.3.5.6

次生地表破裂 secondary surface rupture

地震过程中非构造因素产生的地表破裂。

3.3.5.7

地震破裂段 earthquake rupture segment

断层上一次地震事件产生破裂的部分。

3.3.5.8

地震陡坎 earthquake scarp

地震断层错动在地表形成的地形陡坎。

3.3.5.9

地震沟槽 earthquake trough

地震造成的长条状低洼槽地。

3.3.5.10

同震位移 coseismic displacement

一次地震引起地震断层两盘块体的相对错动。

3.3.5.11

同震隆起 coseismic uplift

一次地震引起的地面局部隆升现象。

3.4 地球物理探测

3.4.1

深部地球物理探测 deep geophysical exploration

用地球物理学的原理和方法，探测地壳上地幔的物性结构和构造。

3.4.2

深地震测深 deep seismic sounding

用人工激发的地震波折射记录和临界反射记录，探测地壳上地幔的速度结构。

3.4.3

地震反射剖面探测 deep seismic reflection profiling

用可控人工振动源激发的地震波近垂直反射记录，计算地下介质的分层速度与厚度，以获得地壳上地幔的精细结构。

3.4.4

大地电磁测深 magnetotelluric sounding

用天然电磁场或人工激发源探测地球内部的电性结构。

3.4.5

大地热流探测 survey of terrestrial heat flow

利用地下温度梯度和岩石热导率参数等数据，探测地面热流和地壳上地幔热状态。

4 地震监测与地震预报

4.1 测震

4.1.1

测震 seismometry

对地震波的观测、分析和研究。涉及仪器研制、地震观测、地震记录解释、地震活动性分析等。

4.1.2

地震图 seismogram

地震仪记录的地面运动波形图。

4.1.3 地震波

4.1.3.1

地震体波 seismic body wave

在地球岩层内部传播的地震波。通常包括地震纵波和地震横波。

4.1.3.2

地震面波 seismic surface wave

沿着地球表面或岩层分界面传播的地震波。常见的有乐夫波和瑞利波。

4.1.3.3

地震波走时曲线 seismic wave travel time curve

反映地震波传播的时间与震中距关系的曲线。

4.1.3.4

地震波走时残差　residual of seismic wave travel time

地震波的观测走时与计算走时之差。

4.1.3.5

地震波形　seismic waveform

地震仪记录的地震波形态。

4.1.3.6

地震波衰减　attenuation of seismic wave

地震波能量随震源距或震中距的增大逐渐减小的现象。

4.1.3.7

地震波传播路径　propagation path of seismic wave

地震波在地球介质中及表面传播的途径。

4.1.3.8

地震波速　seismic wave velocity

地震波的传播速度。

4.1.3.9

初至波　primary wave

在地震记录上，第一个到达的震相。

4.1.4

［地震］震相　［seismic］phase

具有不同振动性质和不同传播路径的地震波在地震记录上的特定波形。

4.1.4.1

［地震］震相标志　mark of［seismic］phase

标示震相名称和特征的符号。

4.1.4.2

［地震］震相特征　characteristic of［seismic］phase

描述震相性质的参量。包括到时、初动极性、振幅、周期等。

4.1.4.3

［地震］震相分析　analysis of［seismic］phase

对地震记录的解释。包括震相辨认和震相要素测定等。

4.2　地磁观测

4.2.1

地磁场　geomagnetic field

地球的磁场。存在于地心到磁层边界的空间范围内，由主磁场、地壳磁场、变化磁场和感应磁场四部分构成。

［GB/T 19531.2 — 2004，定义 3.2］

4.2.2

地磁要素　geomagnetic element

描述空间某点地磁场强度矢量的各种分量。常用地磁要素为总强度 F、磁偏角 D、磁倾角 I、水平强度 H、垂直强度 Z、北向分量 X 和东向分量 Y 等 7 个。

4.2.3

主磁场　main field

起源于地球液态外核，变化缓慢的地磁场，是地磁场的主要成分。

4.2.4

国际地磁参考场　International geomagnetic reference field(IGRF)

描述主磁场及其长期变化的数学模型。由国际地磁学和高空大气学协会(IAGA)定期(通常每五年)确定和公布。

4.2.5

地磁长期变化　geomagnetic secular variation

地磁场发生的缓慢变化。

4.2.6

地磁异常变化　geomagnetic anomaly variation

地磁场梯度发生显著变化或者偏离正常规律的变化。

4.2.7

变化地磁场　geomagnetic variation field

起源于地球外部的各种短周期的地磁场变化，是地磁场的微弱成分。

4.2.7.1

地磁太阳日变化　geomagnetic solar daily variation

以一个太阳日为周期，依赖于地方太阳时的地磁场变化。

4.2.7.2

地磁太阴日变化　geomagnetic lunar daily variation

以半个太阴日为主要周期，依赖于地方太阴时的地磁场变化。

4.2.7.3

地磁太阳静日变化(Sq)　geomagnetic solar quiet daily variation

地磁平静日的太阳周日变化，用Sq来表示。

4.2.7.4

地磁太阳扰日变化(Sd)　geomagnetic solar disturbed daily variation

磁扰期间叠加在Sq上的一种太阳日变化。

4.2.8

磁扰　magnetic disturbance

地磁场各种扰动的总称。磁扰包括了许多类型，如磁暴、亚暴、湾扰、钩扰、磁脉动等。

4.2.9

磁暴　magnetic storm

由太阳活动喷发出的大量等离子体流与磁层相互作用而造成的，全球同时发生的强烈地磁场扰动。

4.2.10

地磁湾扰　geomagnetic bay

高纬极光区地磁亚暴产生的，表现在中低纬地区形态近似海湾状、幅度为几十纳特之内的地磁场扰动。

4.2.11

地磁脉动　geomagnetic pulsation

周期在0.2 s~1 000 s的地磁场短周期变化。

4.2.12

地磁绝对测量　absolute magnetic measurements

对地磁要素的绝对测量。

4.2.13

地磁(相对)记录　recording of magnetic variations

对地磁要素相对变化量的记录。

4.2.14

地磁流动测量　geomagnetic repeated survey

在固定测点或测网上的地磁要素的定期重复测量。

4.2.15

地磁梯度测量　geomagnetic gradient survey

地磁要素在空间沿某一方向变化的测量。

4.2.16

构造磁效应　tectonomagnetic effect

构造活动所伴随的局部地磁场变化。

4.2.17

地震磁效应　seismomagnetic effect

地震的孕育、发生所引起的局部地磁场变化。

注：在物理上对这一效应的解释可为：压磁效应、电动效应、感应磁效应、热磁效应和流变磁效应等。

4.2.18

地磁图　geomagnetic chart

以等值线或等变线形式绘制在地图上形成的，表示地磁场各要素及其长期变化的空间分布的图件。

4.2.19

磁照图　magnetogram

记录地磁要素随时间变化的感光记录图。

4.2.20

[地磁测量数据]通化　reduction [of geomagnetic survey data]

从地磁测量资料中减去变化磁场，并进行仪器差改正，以便把各个测点的观测值化为同一时刻、统一标准的数值的过程。

4.3　地电观测

4.3.1

地电场　geoelectric field

由固体地球内部和外部的各种非人工电流系统与地球介质相互作用产生的分布于地表的电场。地电场可分为大地电场和自然电场。

4.3.1.1

大地电场　telluric

与磁层和电离层中的电流体系的运动有关的地电场。

4.3.1.2

自然电场　spontaneous electric field

地壳内部各类物理化学作用引起的正负电荷分离产生的地电场。

4.3.2

地电阻率　geoelectrical resistivity

表征观测点位地下某一特定探测范围内介质综合导电能力的物理量，其量纲与电阻率相同，又称视电阻率。

4.3.3

真电阻率　true resistivity

表征地球介质复杂结构下分区均匀介质导电属性的物理量。

4.3.4

大地电场异常　anomalous change in telluric

从剔除大地电场周期变化、地电暴变化的数据处理中所提取的大地电场水平强度变化的总称。

4.3.5

自然电场异常　anomalous change of spontaneous electric field

从剔除自然电场正常变化和干扰变化的数据处理中所提取的自然电场水平强度变化的总称。

4.3.6

异常低频电磁扰动　anomalous electro – magnetic disturbance in low frequency band

地震前发生在特定的低频电磁波段的强烈电磁扰动。

4.3.7

地电阻率异常　anomaly of geoelectrical resistivity

从剔除地电阻率正常变化和干扰变化的数据处理中所提取的地电阻率变化的总称。

4.3.8

地电暴　telluric storm

磁暴期间与磁暴同步出现的地电场水平强度的变化。

4.3.9

地电阻率影响系数　influence coefficient in geoelectrical resistivity change

描述定点观测中地电阻率变化与真电阻率变化关系的量。也称地电阻率响应系数或地电阻率权系数。

4.4　地壳形变观测

4.4.1

地壳形变　crustal deformation

在地球内力和外力作用下，地壳几何形态产生的变化。

4.4.1.1

地壳应变　crustal strain

在地球内力和外力作用下，地壳中的应变状态。

4.4.1.2

地壳应力　crustal stress

在地球内力和外力作用下，地壳的应力状态。

4.4.2

地壳形变场　crustal deformation field

地壳形变的空间分布。

4.4.2.1

地壳应变场　crustal strain field

地壳应变的空间分布。

4.4.2.2

地壳应力场　crustal stress field

地壳应力的空间分布。

4.4.3

地壳形变测量　crustal deformation measurement

在地壳表面对地壳的形变或运动进行的测量。

4.4.3.1

水平地壳形变测量　horizontal crustal deformation measurement

对地壳形变或运动的水平分量进行的测量。

4.4.3.2

垂直地壳形变测量 vertical crustal deformation measurement

对地壳形变或运动的垂直分量进行的测量。

4.4.3.3

跨断层地壳形变测量 fault - crossing crustal deformation measurement

观测断层两侧固定点位间垂直方向相对位移和水平方向相对位移。

4.4.4

流动地壳形变测量 mobile crustal deformation measurement

在一定区域内的固定观测点上对地壳形变进行的巡回重复测量。

4.4.5

定点连续地壳形变测量 crustal deformation continuous measurement at a fixed site

在固定台站或观测点上用地形变测量仪器进行长期连续的地形变测量。可分为地倾斜观测、地应变测量和地应力测量。

4.4.5.1

地倾斜观测 crustal tilt observation

在洞室或钻孔内观测地平面与水平面之间的夹角及其随时间的变化。

[GB/T 19531.3 — 2004 定义 3.1]

4.4.5.2

地应变观测 crustal strain observation

在洞室或钻孔内观测地应变及其随时间的相对变化。

[GB/T 19531.3 — 2004 定义 3.2]

4.4.5.3

固体潮观测 [solid] earth tide observation

对固体地球在日、月引潮力作用下产生的周期性变形的观测。

4.4.6 **地壳形变测量方法**

4.4.6.1

GPS 卫星全球定位系统 navigation by satellite timing and ranging - global positioning system

由美国国防部研制和建立的用于在全球范围内进行定位的卫星导航和定位系统。

[GB/T 17159 — 1997，定义 6.109]

4.4.6.2

卫星激光测距 Satellite Laser Ranging(SLR)

利用激光测距仪在地面上跟踪观测装有激光反射棱镜的卫星，测定测站到卫星距离的测量技术和方法。

[GB/T 17159 — 1997，定义 6.81]

4.4.6.3

甚长基线干涉测量 Very Long Baseline Interferometry(VLBI)

利用电磁波干涉原理，在多个测站上同步接收河外射电源(类星体)发射的无线电信号，并对信号进行测站间时间延迟干涉处理以测定测站间相对位置以及从测站到射电源方向的测量技术和方法。

[GB/T 17159 — 1997，定义 6.86]

4.4.6.4

合成孔径雷达干涉测量 Interferometric Synthetic Aperture Radar(InSAR)

利用合成孔径雷达图像复数型数据中含有的相位信息，通过干涉处理获取地面点位三维信息的测量技术和方法。

4.4.6.5

差分合成孔径雷达干涉测量　Difference Interferometric Synthetic Aperture Radar(D – InSAR)

通过比较同一地区不同时间的两幅合成孔径雷达干涉纹图的相位信息，获取地面形变信息的测量技术和方法。

4.4.6.6

精密水准测量　precise leveling

用精密水准测量仪器观测两个水准点间的海拔高程及其变化的技术和方法。

4.4.6.7

绝对重力测量　absolute gravity measurement

对重力观测点重力值的测量。

4.4.6.8

相对重力测量　relative gravity measurement

对两个观测点重力差值的测量。

4.4.6.9

卫星重力测量　satellite gravity measurement

利用地面跟踪观测卫星轨道摄动，卫星跟踪卫星，卫星测高及卫星重力梯度等观测技术和方法确定地球重力场。

4.4.7

地壳形变异常　crustal deformation anomaly

地形变测量发现的地壳构造运动引起的异常变化。

4.4.8

重力异常变化　anomalous variation of gravity

扣除重力周期性变化和其他规则性变化后的剩余变化。

4.5　地下流体观测

4.5.1

地下流体　subsurface fluid，ground fluid

充填于地面以下固体(格架)中可流动的水、气、油等呈液态、气态形式存在的介质的总称。

[GB/T 19531.4 — 2004，定义 3.1]

4.5.2

水位　ground water table level

地震地下水观测井中水面的位置，分为静水位与动水位，其基本单位为 m。

4.5.2.1

静水位　static ground water level

观测井中水面位置低于地表面时，由井口固定参考点向下到井水面的垂直距离。

4.5.2.2

动水位　dynamic ground water level

观测井中水面位置高于地表面并有泄流时，由泄流口的中心面向上到井水面的垂直距离。

4.5.2.3

水位固体潮效应　tidal effect of ground water level

日月对地球的引力作用引起的井水位的有规律变化。

4.5.2.4

水位气压效应　barometric effect of ground water level

大气压力的波动引起的井水位变化。

4.5.2.5

井水位地表荷载效应　surface load effect of ground water level

作用在大地表面上的荷载(河、湖、海的水位涨落、降雨积水、机械振动、泥石流堆积等)变化引起的井水位变化。

4.5.2.6

水位断层蠕动效应　fault creep effect of ground water level

断层蠕动作用引起的井水位变化。

4.5.2.7

水震波　oscillation of ground water level

地震波作用下产生的井水位的振荡现象。

4.5.3

溶解气　dissolved gas in ground water

溶解于井、泉水中的气体。

4.5.3.1

溶解氡　dissolved radon in ground water

溶解于井、泉水中的氡(Rn)，其基本单位为 Bq/L。

4.5.3.2

溶解汞　dissolved mercury in groungd water

溶解于井、泉水中的汞(Hg)，其基本单位为 ng/L。

4.5.4

逸出气　escaped gas from ground water

在一定的温度与压力条件下，由井、泉水中逸出的气体。

4.5.4.1

逸出气汞　escaped gas mercury from ground water

由井、泉水中逸出的汞(Hg)。

4.5.4.2

逸出气氡　escaped gas radon from ground water

由井、泉水中逸出的氡(Rn)。

4.5.5

地下气体　underground gas

活动于地面以下固体介质空隙中的气体。

4.5.6

断层气　fault gas

活动于断层带中的气体。

4.5.7

土壤气　soil gas

活动于土壤层孔隙中的气体。

4.5.7.1

土壤气氡　soil gas radon

由断层带及其两侧上覆岩土中逸出的氡(Rn)。

4.5.7.2

土壤气汞　soil gas mercury

由断层带及其两侧上覆岩土中逸出的汞(Hg)。

4.5.8

地下流体动态 behavior of subsurface fluid

地下流体的物理特性与化学组分随时间的变化。包括：地下流体的年、月、日动态。

4.5.8.1

地下流体正常动态 normal behavior of subsurface fluid

地质—水文地质环境及观测条件不变的情况下观测到的地下流体动态的有规律的变化。

4.6 地震预报

4.6.1

阶段性地震预测 stage earthquake prediction

根据地震孕育过程的特征，以长、中、短、临渐进的方式分阶段进行的预测。

4.6.2

地震综合预测 comprehensive earthquake prediction

在综合分析各类异常的基础上，为提出未来震情判定意见进行的预测。

4.6.3

地震经验预测 empirical earthquake prediction

根据已有的震例进行类比推测未来地震的预测。

4.6.4

地震概率预测 prediction of earthquake probability

在地震活动与各种前兆信息进行统计分析的基础上，对未来地震发生可能性大小的预测。

4.6.5

地震物理预测 physical prediction of earthquake

以一定的孕震理论和前兆模式，对未来地震进行的预测。

4.6.6

地震微观异常 microscopic pre-earthquake anomaly

在地震发生前，借助仪器观测到的可定量分析的异常。

4.6.7

地震宏观异常 macroscopic pre-earthquake anomaly

非仪器观测到的异常。

4.6.8

地震突发性异常 sudden pre-earthquake anomaly

急剧变化的大幅度异常。

4.6.9

地震趋势性异常 trendy pre-earthquake anomaly

持续时间较长的连续性异常。

4.6.10

地震空区 seismic gap

地震孕育过程中，由小震所围成或部分围成的，处于断裂活动构造带上的无震区域。

4.6.11

地震活动带 seismically active belt

地震活动沿活动构造带分布，带内地震活动水平显著增强，带外地区显著平静的图像。

4.6.12

地震迁移 earthquake migration

地震发生地点在一定范围或一定距离内呈某种呼应规律的图像。

4.6.13

地震短期预报方案　short-term earthquake forecast scheme

地震重点监视防御区所在的地震主管部门或机构制定的地震短期预报判定指标和跟踪监测措施。

4.6.14

临震预报方案　imminent earthquake forecast scheme

地震重点监视防御区所在的地震主管部门或机构制定的临震预报警戒指标和应急对策。

5　地震台(站)网与地震数据

5.1　地震台(站)

5.1.1

测震台(站)　seismograph station

布设固定观测的地震仪，用于连续观测地面运动的地震台。

5.1.2

地磁台(站)　geomagnetic observatory

测定地磁要素及其变化的地震台。

5.1.3

地电台(站)　geoelectrical station

布设有固定装置系统和信息检测系统并连续从事地电场、地电阻率观测的地震台。

5.1.4

地形变台(站)　crustal deformation station

用于监测地壳形变的地震台。

5.1.5

重力台(站)　gravity station

用于监测重力变化的地震台。

5.1.6

地下流体台(站)　observation station of subsurface fluid

观测地下流体动态的地震台。

5.2　地震监测台网

5.2.1

数字地震台网　digital seismological network

能获得数字化地震记录的地震台网。

5.2.2

国家地震台网　state seismological network

在全国范围内建立的国家基准地震台网。

5.2.3

区域地震台网　regional seismological network

在一定区域范围内建立的地震台网。

5.2.4

强震动台网　strong motion station network

进行强地面运动观测的地震台网。

5.2.5

火山地震台网　seismological network for volcanic activity

通过地震动观测监视火山活动的地震台网。

5.2.6

水库地震台网　seismological network for reservoir - induced earthquake

监视水库诱发地震的地震台网。

5.2.7

地磁台网　geomagnetic network

按照地磁场监测需求而布设的，空间分布上具有一定密度的地磁观测观测网。

5.2.8

地电台网　geoelectrical network

按照地震监测需求而布设的，空间分布上具有一定密度的地电台站所组成的观测网。

5.2.9

地形变台网　crustal deformation network

按照地震监测需要而布设的，空间分布上具有一定密度的地形变观测台站组成的观测网。

5.2.10

水文地球化学台网　hydro - geochemical observation network

布设在一定区域内的，由多个以地下水化学动态观测为主的台(站)构成的观测网。

5.2.11

地下水井网　groundwater observation well - network

布设在一定区域内的，由多个以地下水物理动态观测为主的井(点)构成的观测网。

5.2.12

水准网　leveling network

由多条水准路线构成带有结点的网状系统，用于地面点海拔高程及其变化的测定。

5.2.13

GPS 连续跟踪网　continuous tracking stations of GPS satellite

由定点连续对 GPS 卫星进行跟踪观测的测站组成的，用于监测测站位置随时间变化的观测网。

5.2.14

重力网　gravity monitoring network

按照一定地震监测需要而布设的重力点构成的，用于观测大面积的重力非潮汐变化的观测网。

5.3　地震数据

5.3.1

地震数据　earthquake data

与地震的孕育、发生、地震动传播及地震所造成的后果以及减轻地震灾害相关联的数据。

[DB/T 11.1 — 2000，第 2 章]

5.3.2

地震观测数据　seismological observation data

由永久性或临时性地震观测台(网)获得的原始记录，对这些记录进行分析处理得到的次生数据以及为使用这些数据所需要的基础数据和辅助数据。

5.3.3

地震现场勘查数据　data of earthquake field survey

通过现场调查与深部探测获得的关于地震宏观现象、地震地质和地球内部结构的原始记录及经过加工再生的数据。

5.3.4

地震实验数据　experimental data on earthquake

为解决地震科学问题在实验室环境中进行各种试验所得到的原始测量数据及相关数据，包括原始记录、试验环境与试验条件数据、试验样品数据以及处理结果数据等。

5.3.5

地震灾害数据　data on earthquake disaster

由地震造成的人员伤亡、财产损失、环境和社会功能的破坏等灾害，以及由地震造成的工程结构和自然环境的破坏所引发的地震次生灾害(如火灾、水灾、爆炸、瘟疫、有毒物质泄漏等)的记载数据、灾害预测与灾害评估数据和汇编数据。

5.3.6

地震预测数据　data on earthquake prediction

关于地震预测的依据、预测结果和对预测结果的评估数据。

5.3.7

地震预报数据　data on earthquake forecasting

关于地震预报的发布、准确性及预报效果的数据。

5.3.8

地震减灾数据　data on earthquake disaster mitigation

关于减轻地震灾害的数据，包括与地震灾害的预测、预报、预防、地震应急，以及震后救灾与重建有关的数据。

5.3.9

地震数据处理　earthquake data processing

对地震数据进行分析处理，提取所包含的科学信息的过程。

5.3.10

地震数据管理　management of earthquake data

对地震数据进行的汇集、存储、更新、共享、数据安全性控制等工作。

5.3.11

地震数据库　earthquake database

以各类地震数据作为管理对象的数据库。

5.3.12

地震数据分类　category of earthquake data

根据地震数据的属性和特征对地震数据进行的分类。

5.3.13

地震数据代码　code for earthquake data

按照地震数据的分类，对不同类别的地震数据赋予的编码。

6　地震灾害预防

6.1　抗震设防要求

6.1.1

地震动　ground motion

地震引起的地面运动。

6.1.1.1

地震动参数　ground motion parameter

表征地震引起的地面运动的物理参数，包括峰值、反应谱和持续时间等。

6.1.1.2

地震动振幅　amplitude of ground motion

地震动加速度、速度或位移的峰值、最大值或特定含义上的有效值的统称。

6.1.1.3

地震动峰值速度　Peak Ground Velocity(PGV)

地震动质点运动速度的最大绝对值。

6.1.1.4

地震动峰值加速度　Peak Ground Acceleration(PGA)

与地震动加速度反应谱最大值相应的水平加速度。

[GB 18306 — 2001，定义 2.2]

6.1.1.5

地震动峰值位移　Peak Ground Displacement(PGD)

地震动质点运动位移的最大绝对值。

6.1.1.6

地震动持续时间　ground motion duration

在地震动的加速度时程中，超过某一强度的或可能引起工程结构破坏的那段地震动的持续时间。

[JGJ/T 97 — 1995，定义 3.1.4.3]

6.1.1.7

超越概率　probability of exceedance

在一定时期内，工程场地可能遭遇大于或等于给定的地震烈度值或地震动参数值的概率。

6.1.1.8

一致概率反应谱　probability - consistent response spectrum

在相同超越概率水平下，不同周期点的反应谱值所组成的谱。

6.1.1.9

场地相关反应谱　site - specific response spectrum，site - dependent response spectrum

考虑地震环境及场地条件影响得到的地震反应谱。

6.1.1.10

人造地震动　artificial ground motion

为进行结构物地震反应分析或试验而生成的满足一定条件(如对幅值、频谱和持续时间的要求)的地震动时间历程。

6.1.2　地震危险性分析

6.1.2.1

本底地震　background earthquake

一定地区内没有明显构造标志的最大地震。

6.1.2.2

潜在震源区　potential seismic source zone

未来可能发生破坏性地震的地区。

6.1.2.3

地震活动性参数　seismic activity parameter

在地震危险性概率分析中，描述一定时间、空间范围内发生的地震在强度、频度、时间和空间等方面的分布规律和特征的定量指标。

6.1.2.4

起算震级　lower limit magnitude

地震危险性概率分析中参与计算的最低震级。

6.1.2.5

震级上限　upper limit magnitude

地震危险性概率分析中，地震带或潜在震源区内可能发生的最大地震的震级极限值。

6.1.2.6

震级下限　lower limit magnitude

地震危险性概率分析中，影响工程场地地震危险性的最小地震震级。

6.1.2.7

地震动衰减规律　attenuation law of ground motion

地震动强度随着震源距或震中距增大而减小的统计关系。

6.1.3

地震烈度区划图　seismic intensity zonation map

以地震烈度为指标，将国土划分为不同抗震设防要求区域的图件。

6.1.4

地震烈度表　seismic intensity scale

以地震时人的感觉、器物反应、房屋震害程度、自然环境变化、地震动的加速度、速度等为依据，衡量地震烈度的标尺。

6.1.5

地震动参数区划图　seismic ground motion parameter zonation map

以地震动参数(如峰值加速度和地震动反应谱特征周期)为指标，将国土划分为不同抗震设防要求区域的图件。

6.1.5.1

地震动反应谱特征周期　characteristic period of the seismic response spectrum

地震动加速度反应谱开始下降点的周期。

[GB 18306 — 2001，定义 2.3]

6.1.5.2

地震动参数复核　checking of seismic ground motion parameter

采用最新基础资料和研究成果，对地震动参数区划图给出的某地地震动参数进行核实或修正。

6.1.6

地震小区划　seismic microzonation

根据地震区划图及某一区域(场地)范围内的具体场地条件给出抗震设防要求的详细分布。包括地震动小区划和地震地质灾害小区划等。

6.1.7

地震地质灾害　earthquake induced geological disaster

在地震作用下，地质体变形或破坏所引起的灾害。

6.1.7.1

地震滑坡　earthquake - caused landslide

地震动引起的岩体或土体沿倾斜面滑移的现象。

6.1.7.2

地震崩塌　earthquake - caused collapse

地震动引起的岩体或土体脱离母体下落、堆积的现象。

6.1.7.3

地震滚石　earthquake - caused rolling stone

地震动诱发的砾石或岩块顺坡自由滚动下落的现象。

6.1.7.4

地震泥石流　earthquake - caused debris flow

地震动诱发的水、泥、石块混合物流动的现象。

6.2 抗震设计

6.2.1 结构抗震

6.2.1.1

地震反应 earthquake response

地震动引起的工程结构内力与变形的动态反应。

6.2.1.2

随机地震反应 random earthquake response

根据地震作用的随机统计特征求出的结构体系的随机反应的统计特征，如平均值、方差、相关函数、谱密度等。

[JGJ/T 97 — 1995，定义 2.3.4.1]

6.2.1.3

输入反演 input inversion

已知结构动态特性和结构在输入下的反应，按照结构动力学原理，寻求该输入的过程。

6.2.1.4

滞回曲线 hysteretic curve

结构物(或土体)在反复荷载作用下产生非弹性反应时的荷载-位移曲线。

6.2.1.5

结构识别 structural identification

根据已知的系统输入和输出确定系统的模型或参数。

6.2.1.6

抗震性态设计 performance based seismic design

使结构在地震作用下的反应和破坏的性态在预期要求的范围内的抗震设计。

6.2.1.7

结构抗震控制 seismic structure control

根据结构动力学和控制理论对结构地震反应进行控制。

6.2.2 地基抗震

6.2.2.1

场地 site

工程群体所在地，相当于厂区、居民点或自然村或不小于 1.0 km^2 的范围。

[JGJ/T 97 — 1995，定义 4.1.1]

6.2.2.2

场地类别 site classification

根据土层数剪切波速和场地覆盖层的厚度等自然条件选取工程抗震设计参数和抗震措施时对建设场地进行的分类。

6.2.2.3

基岩 bedrock

底岩上面的最主要的牢固固结的地质层，它的力学性能不同于覆盖层，而且是匀质的。

6.2.2.4

覆盖层 overburden

覆盖在基岩上的土层。

6.2.2.5

地基土 foundation soil

承受结构物荷载的土体。

6.2.2.6

地基失效　ground failure

地震引起的地基丧失其承载能力的破坏现象，包括断层位错、滑坡、土层液化、地基不均匀变形等。

6.2.2.7

饱和土液化　liquefaction of saturated soil

地震时饱和土体由固态变为流态的现象。

6.2.2.8

液化指数　liquefaction index

衡量地基土地震液化引起的场地地面破坏程度的指标。

6.2.2.9

基础　foundation

直接与岩土接触向其传递荷载的建筑物的最下部结构。

6.2.3

地震作用　seismic action

地震对工程结构的外加动态作用。

[JGJ/T 97 — 1995，定义5.4.2]

6.2.3.1

极限安全地震动　ultimate safety ground motion

在设计基准期中年超越概率为10^{-4}的地震动，其峰值加速度不小于0.15g_n。通常为核电厂区可能遭遇的最大地震动。

[GB 50267 — 1997，定义2.1.3]

6.2.3.2

运行安全地震动　operational safety ground motion

在设计基准期中年超越概率为2×10^{-3}的地震动，其峰值加速度不小于0.075g_n。通常为核电厂能正常运行的地震动。

[GB 50267 — 1997，定义2.1.2]

6.2.3.3

地震影响系数　seismic influence coefficient

给定阻尼比的单质点弹性结构在地震作用下的最大绝对加速度反应与重力加速度比值的统计平均值。

注：修改JGJ/T 97 — 1995，定义5.4.2.22。

6.2.3.4

反应谱　response spectrum

在地震作用下，给定阻尼比的单质点体系的最大相对位移反应、最大相对速度反应或最大绝对加速度反应随质点自振周期变化的曲线。

6.2.3.5

楼面反应谱　floor response spectrum

对于给定的地震动，由结构中特定楼层的楼面反应时程求得的反应谱。

[JGJ/T 97 — 1995，定义5.4.2.1]

6.2.3.6

地震作用效应　effect of seismic action

结构和构件由地震作用产生的内力(弯矩、剪力、轴力、扭矩等)或变形。

［JGJ/T 97 — 1995，定义 5.4.3］

6.2.4 抗震措施

6.2.4.1

抗震概念设计 conceptual design for earthquake resistant

基于震害经验建立的抗震基本设计原则，包括结构的总体布置和细部构造。

注：改写 JGJ/T 97 — 1995，定义 5.2.1。

6.2.4.2

抗震构造措施 constructional measure for earthquake resistant

为提高工程结构抗震性能，根据抗震概念设计原则，对结构细部构造采取的措施。

注：改写 JGJ/T 97 — 1995，定义 5.3.1。

6.2.4.3

抗液化措施 liquefaction defence measures

根据工程结构重要性和地基液化等级所采取的全部或部分消除液化的措施。包括对地基和上部结构采取措施和对可液化土层进行处理。

［JGJ/T 97 — 95，定义 4.2.3］

6.2.5

隔震 base isolation

在结构的某些部位设置隔震装置，以阻滞地震能量传播的措施。

［JGJ/T 97 — 1995，定义 5.3.2］

6.3 震害预测

6.3.1

设定地震 scenario earthquake

为进行震害预测而给出的对某一区域可能产生震害或可以体现地震危险性概率分析结果的具体地震。

6.3.2

地震危害分析 seismic risk analysis

对某一区域或工程建设场地，在未来一定时期内，不同强度地震可能造成的损失的评估。通常以一定的超越概率表示。

6.3.2.1

结构易损性指数 structure vulnerability index

结构因地震造成的直接损失率的平均值。

6.3.2.2

结构易损性分类 structure vulnerability classification

表征结构抗震能力的等级分类，同一类结构具有相近的易损性。

6.3.2.3

房屋震害预测 earthquake disaster prediction of building

对各类房屋和典型房屋进行震害估计。分为单体房屋震害预测和房屋群体震害预测。

6.4 减轻地震灾害

6.4.1

地震社会影响 social effect of earthquake ; impact of earthquake on society

由地震造成的居民无家可归、就业率降低、社会不安定因素增加及生态环境恶化等对社会活动和发展所造成的负面影响。

注：改写 JGJ/T 97 — 1995，定义 6.2.2.4。

6.4.2

地震演习　exercise against earthquake

在地震重点监视防御区或地震重点危险区，由地方政府组织的社会性防震减灾演习。

6.4.3

地震再保险　earthquake reinsurance

在一次地震造成损失过于集中时，保险公司承保的地震保险责任全部向能与政府签订超额赔款分保合同的地震再保险公司进行分保，并由再保险公司给予补偿的保险方式。

6.4.4

地震保险风险管理　risk management of earthquake insurance

地震危害的评估和保险与再保险的方案的制定。

7　地震应急与地震救援

7.1　地震应急

7.1.1

临震应急　imminent earthquake emergency management

地震临震预报发布后的地震应急。

7.1.2

震后应急　post - earthquake emergency management

破坏性地震发生后的地震应急。

7.1.3

临震应急期　emergency period of imminent earthquake

临震应急响应时段。

7.1.4

震后应急期　emergency period of post - earthquake

震后应急响应时段。

7.1.5　地震应急预案

7.1.5.1

应急行动方案　plan for emergency action

地震发生后立即采取的具体计划和规定。

7.1.5.2

应急指挥技术系统　technical system of emergency direction

应急指挥机构所具备的各种功能的整体。

7.1.6

地震现场　earthquake occurrence site

需要实施地震应急、救援并开展相关工作的地区。

7.1.6.1

地震现场调查　seismological field survey

在地震现场对地震烈度、地震宏观现象、发震构造、地震地质灾害、工程结构震害、生命线工程震害和社会影响进行的调查。

7.1.6.2

地震现场安全鉴定　safety assessment in post - earthquake field

在发生较强地震后的应急期间，通过检查受震建筑的震损状况和原建筑的抗震能力，对其在预期地震作用下的安全进行鉴别和评定。

[GB 18208.2—2001，定义 3.1]

7.1.6.3

预期地震作用　expected earthquake effect

依据震情分析，预估受震建筑可能再次遭受到的地震影响。

[GB 18208.2—2001，定义 3.2]

7.1.6.4

安全建筑　safe building

受震建筑在预期地震作用中可安全使用的建筑。

[GB 18208.2—2001，定义 3.3]

7.1.6.5

暂不使用建筑　temporarily unresidential building

受震建筑在预期地震作用中，可能发生危及生命或(和)导致财产重大损失的震害，不能确保使用安全，或受震建筑的抗震能力和使用安全在地震现场一时难以评定的建筑。

[GB 18208.2—2001，定义 3.4]

7.1.7　地震灾害评估

7.1.7.1

地震直接经济损失　earthquake - caused direct economic loss

地震动及地震地质灾害、地震次生灾害造成的房屋和其他工程结构、设施、设备、物品等物质破坏造成的经济损失。

7.1.7.2

地震间接经济损失　earthquake - caused indirect economic loss

地震后因生命线工程破坏、工矿企业停产减产引起相关企业产值降低的损失，重建费用、保险赔偿费用，以及与救灾有关的各种非生产性消耗。

7.1.7.3

地震救灾投入费用　cost for earthquake disaster relief

为地震救灾投入的各种费用，包括人工、物资、运输、医疗药品、消毒防疫、埋葬、废墟清理及人员搬迁暂住等费用。

7.1.7.4

续发地震损失评估　loss assessment of consequent earthquake

针对相同区域震群型的后续地震或强余震造成损失进行的灾害损失评估。

7.2　震后救援

7.2.1

地震现场紧急救助　emergency rescue at earthquake site

破坏性地震或严重破坏性地震发生后，由受过专业训练的技术人员，借助光学、机械、电子或搜索犬等现代技术，对受困或被埋压的幸存人员进行的救助活动。

7.2.2

建筑物倒塌救助　buiding collapse rescue

地震后，对被埋压或困阻在地面上倒塌或被破坏的建筑物内的所有幸存人员开展搜索、定位和救助。

7.2.3

灾区卫生防疫　epidemic prevention in earthquake disaster area

地震灾区的饮用水源、食品的检验清毒和疫情检测，防止疫病流行蔓延的措施。

8 地震观测仪器

8.1 测震仪器

8.1.1

地震仪 seismograph

记录地面运动(位移、速度和加速度)的仪器。

8.1.2

模拟地震仪 analogous seismograph

以模拟量记录地面运动的地震仪。

8.1.2.1

长周期地震仪 long-period seismograph

固有周期大于90 s的地震仪。用以记录全球范围地震的各种长周期地震波。

8.1.3

数字地震仪 digital seismograph

以数字量(数字数)记录的地震仪。

8.1.3.1

短周期地震仪 short period seismograph

工作频带的低频端在0.5 Hz~1 Hz内，高频端在20 Hz或20 Hz以上的地震仪。

8.1.3.2

宽频带地震仪 broadband seismograph

工作频带的低频端在0.01 Hz~0.05 Hz内，高频端在20 Hz或20 Hz以上的地震仪。

8.1.3.3

甚宽频带地震仪 very broadband seismograph

工作频带的低端在0.003 Hz~0.01Hz，至高端20 Hz或20 Hz以上的地震仪。

[GB/T 19531.1—2004，定义3.1.7]

8.1.3.4

超宽频带地震仪 extra-broadband seismograph

工作频带的低频端小于0.003 Hz，高频端在10 Hz或10 Hz以上的地震仪。

8.1.4

强震动加速度仪 strong motion seismograph

记录地震产生强地面运动的加速度的仪器。

8.1.5

微震仪 microvibrograph

用于记录微、小地震的仪器。

8.1.6

流动地震仪 portable seismograph

用于地震现场考察等监测前震和/或余震以及震群等活动，或为某个特定的、临时性的地震观测而使用的轻便型地震仪器设备。

8.1.7

井下地震仪 borehole seismograph

将地震计或将地震计和数据采集器安装在地下钻井中进行地震观测的专用地震仪。

[GB/T 19531.1—2004，定义3.1.8]

8.1.8

磁变仪 variometer

连续测量和模拟记录地磁场变化的磁力仪。

8.1.9

数字地电阻率测量仪 digital geoelectrical resistivity meter

以数字形式产出观测结果的智能化地电阻率测量仪器。

8.1.10

数字地电场测量仪 digital telluric meter

以数字形式产出观测结果的智能化地电场测量仪器。

8.1.11

倾斜仪 tiltmeter

测量地壳表面或浅层观测点铅垂线变化(摆式倾斜仪)或等位面倾斜变化(水管倾斜仪)的仪器。

8.1.12

伸缩仪 extensometer

测量地表两点间距离随时间变化的仪器。

8.1.13

钻孔应变仪 borehole strainmeter

安装在钻孔(竖井)内测量地壳应变随时间变化的仪器。根据工作原理分为分量式应变仪和体积应变仪。

9 地震实验与地震试验

9.1

震源物理实验 experiment of seismic source physics

观测岩石或其他材料样品的形变、破裂与摩擦等物理过程和伴随的物理现象，研究震源的孕育、破裂的物理机制及伴随的各种物理现象。

9.1.1

岩石声发射实验 experiment of rock acoustic emission

观测岩石样品在形变与破裂过程中自然发出的超声或其他频段的声辐射波，研究声源和波的传播以及介质的性质。

9.1.2

岩石辐射遥感实验 experiment of rock radiation remote sensing

利用遥感设备观测岩石样品在形变过程中的红外、微波等不同频段的辐射或反射。

9.1.3

岩石断裂力学实验 experiment of rock fracture mechanics

观测岩石样品中裂纹的产生和断裂过程，测量岩石断裂力学参数，研究岩石的断裂和强度性质。

9.1.4

微裂纹演化实验 experiment of microcrack evolution

观测岩石等材料的样品内部微裂纹的萌生、扩展、集结等演化过程。

9.1.5

声波探测法实验 acoustic wave exploration test

向样品内发射人工源激发的声波信号，通过不同点的接收，研究波的传播和介质的结构。

9.2

构造物理实验 tectonophysical test

研究不同条件下构造变形物理过程的实验。

9.2.1

构造物理模型与模拟实验　tectonophysical model and simulation test

为了研究构造变形场及其演化的特征进行的较大尺度的标本与相似材料实验。

9.3

零磁空间实验　experiment in magnetic field - free space

在由磁屏蔽方法形成接近于零磁场的时空内，完成各种物理实验及各种生物实验。

9.4

岩石磁性实验　experiment of rock magnetism

测定岩石磁化率、剩余磁化强度和其他磁性质并用于地球历史和现状研究的实验。

9.5

地震电磁关系模拟实验　simulation experiment of electric and magnetic phenomena related to earthquake

与地震孕育和破裂过程相关的压磁、电声效应等大地电场、磁场、电阻率的图像及其变化实验。

9.6

压磁效应实验　experiment of piezomagnetic effect

模拟与构造应力相关的岩石磁性变化的实验。

9.7

全息干涉测量形变实验　experiment of laser hologram

用激光全息干涉摄影法测量岩石样品的表面位移场。

9.8

散斑法测量形变实验　experiment of speckle interferometry

用光学散斑法测量岩石样品表面的位移场。

9.9

岩土变形与孔隙压力关系实验　experiment of relationship between rock - soil deformation and pore pressure

为研究不同环境温度与围压条件下岩土变形引起的孔隙压力变化规律而进行的单轴或三轴力学实验。

9.10

水动力模型实验　experiment of hydrodynamic model

为研究地下流体前兆的空间分布及其演化的特征，在含水层模型上进行的孔隙压力场、渗流场、化学动力场的形成、分布与演化规律的动力学实验。

9.11

岩土变形与异常关系实验　experiment of relationship between rock - soil deformation and anomaly

为研究地下流体异常的成因，在单轴或三轴压力机上进行的岩土试件的变形破坏与地下流体物理化学动态变化的观测实验。

9.12

岩土震动与气体异常关系实验　experiment of relationship between rock - soil vibration and gas anomaly

为研究地下气体化学动态异常的成因，在不同频率与强度振动下测定岩土试件释放的气体种类及其浓度变化的实验。

9.13

岩体变形破坏与异常关系试验　experiment of relationship between rock mass deformation and

anomaly

为研究地下流体动态异常的成因及其空间展布与演化特征，观测诸如山体滑坡、水库蓄水、钻孔水压致裂、矿井坍塌等引起的天然岩体变形与破坏过程中地下流体物理化学动态变化特征的现场试验。

9.14 结构抗震试验

9.14.1

结构抗震试验 structural antiseismic test

用各种加载设备模拟实际动态作用，施加于实际结构或其模型上，以测定结构动态特性和地震反应的试验。

9.14.2

伪静力试验 pseudo - static test

使构件或结构在正反两方向重复加载和卸载，用以模拟地震时构件或结构在往复振动中的受力和变形过程的静力试验。因企图用静力法求得振动的效果，故称伪静力试验。

9.14.3

伪动力试验 pseudo - dynamic test

由计算机和加载器联机，按动态反应测量数据实时分析结果反馈控制加载器组成闭环试验系统，以模拟地震动过程中结构实际变形和受力情况的试验。

[JGJ/T 97 — 1995，定义 3.2.1.2 中(1)]

9.14.4

模拟地震振动台试验 earthquake - simulating shaking table test

在结构试验中用以模拟地震动过程的振动台试验。

9.14.5

共振柱试验 resonant column test

视圆柱形土试件作为弹性杆件，利用共振方法测定其自振频率，以求得土的动弹性模量的试验。

[JGJ/T 97 — 1995，定义 3.2.4.1]

9.14.6

动三轴试验 dynamic tri - axial test

在压力室内以一定围压使土样固结后，沿土样轴线施加动荷载。通过动应力、动应变与孔压变化之间的关系，确定土的动强度、大应变时的动弹性模量与阻尼并判别土的液化势的试验。

9.14.7

原型结构动力试验 dynamic test of prototype structure

使模拟的地震力或其他动力作用在结构上，直接测定结构动态特性和地震反应的试验。

9.14.8

动力模型试验 dynamic model test

使模拟的地震力或其他动力，作用在一定试验模型上，以确定结构的动态特性或抗震性能的试验。

中 文 索 引

英文索引

ICS 91.120.25
P 15

中华人民共和国国家标准

GB/T 18208.1—2006

地震现场工作 第1部分:基本规定

Post-earthquake field works—Part 1:Basic regulations

2006-06-02 发布 2006-10-01 实施

中华人民共和国国家质量监督检验检疫总局
中国国家标准化管理委员会 发布

前　言

《地震现场工作》包括四个部分：

——第1部分：基本规定（GB/T 18208.1 — 2006）；

——第2部分：建筑物安全鉴定(GB 18208.2 — 2001)；

——第3部分：调查规范(GB/T 18208.3 — 2000)；

——第4部分：灾害直接损失评估(GB/T 18208.4 — 2005)。

本部分为《地震现场工作》的第1部分。

本部分的附录A、附录B、附录C和附录D为规范性附录。

本部分由中国地震局提出。

本部分由全国地震标准化技术委员会(SAC/TC 225)归口。

本部分起草单位：新疆维吾尔自治区地震局、中国地震局工程力学研究所、中国地震局地质研究所、云南省地震局、四川省地震局、辽宁省地震局。

本部分主要起草人：张勇、袁一凡、宋立军、苗崇刚、徐锡伟、安晓文、何玉林、吴凤泰。

本部分为首次发布。

引　言

《中华人民共和国防震减灾法》和《破坏性地震应急条例》要求做好震后应急救援工作。本部分的制定是以中国地震局现行的《地震现场工作规定(试行)》(2000)为基础，吸收了该规定实施以来所积累的经验，并参考了《地震现场工作大纲和技术指南》(1998)。

本部分的制定和实施将对规范地震现场工作、促进应急救援体系的建设和加强地震现场工作的管理起到积极重要作用。

地震现场工作
第1部分：基本规定

1 范围

本部分规定了地震现场工作的内容、地震现场工作分级和基本要求。

本部分适用于地震现场的地震观测、震情分析、现场调查、灾害损失评估、灾情上报及建筑物安全鉴定等工作。

2 规范性引用文件

下列文件中的条款通过本部分的引用而成为本部分的条款。凡是注日期的引用文件，其随后所有的修改单(不包括勘误的内容)或修订版均不适用于本部分，然而，鼓励根据本部分达成协议的各方研究是否可使用这些文件的最新版本。凡是不注日期的引用文件，其最新版本适用于本部分。

GB/T 17742 中国地震烈度表

GB 18208.2 — 2001 地震现场工作 第2部分：建筑物安全鉴定

GB/T 18208.3 — 2000 地震现场工作 第3部分：调查规范

GB/T 18208.4 — 2005 地震现场工作 第4部分：灾害直接损失评估

3 术语和定义

下列术语和定义适用于本部分。

3.1

地震现场 earthquake occurrence site

需要实施地震应急、救援并开展相关工作的地区。

[GB/T 18207.2 — 2005，定义7.1.6]

4 总则

4.1 地震现场工作级别划分

4.1.1 Ⅰ级地震现场工作

发生 $M \geqslant 7.0$ 地震，或造成300人以上死亡的地震现场工作。

4.1.2 Ⅱ级地震现场工作

发生 $6.5 \leqslant M < 7.0$ 地震，或造成50人以上、299人以下死亡的地震现场工作。

4.1.3 Ⅲ级地震现场工作

发生 $6.0 \leqslant M < 6.5$ 地震，或造成20人以上、50人以下死亡的地震现场工作。

4.1.4 Ⅳ级地震现场工作

发生 $5.0 \leqslant M < 6.0$ 地震，或造成20人以下死亡的地震现场工作。

4.1.5 Ⅴ级地震现场工作

发生 $4.0 \leqslant M < 5.0$ 地震的现场工作。

4.2 地震现场工作内容

4.2.1 Ⅰ级～Ⅳ级地震现场工作内容

Ⅰ级～Ⅳ级地震现场应开展地震现场观测、地震现场震情分析、地震现场灾情收集上报、地震灾害损失评估、地震现场调查、地震现场建筑物安全鉴定和地震现场工作总结。

4.2.2 Ⅴ级地震现场工作内容

应开展现场震情分析、地震现场调查、地震灾害损失评估、地震现场工作总结。Ⅴ级地震现场工作是否应开展现场观测，可依据震情趋势判断意见确定。

4.3 地震现场工作时限

地震现场工作时限要求如下：

——Ⅰ级地震现场工作，宜在30 d～40 d内完成；

——Ⅱ级地震现场工作，宜在14 d～25 d内完成；

——Ⅲ级地震现场工作，宜在10 d～16 d内完成；

——Ⅳ级地震现场工作，宜在5 d～10 d内完成；

——Ⅴ级地震现场工作，宜在3 d～7 d内完成。

地震现场观测的时限可依据震情发展确定。

5 地震现场观测

5.1 地震现场观测工作，宜包括下列内容：

——布设或恢复地震现场测震、电磁观测、地壳形变观测、地下流体观测台网(站、点)、强震动观测台(阵)；

——原有的流动观测网的复测；

——GPS、航空测量等专项观测；

——观测数据处理与分析；

——观测资料和分析结果的上报。

5.2 地震现场观测应符合下列基本要求规定：

——应及时处理、分析地震观测资料并按要求上报；

——地震观测资料有异常时，应随时核实上报。

5.3 地震现场观测应符合下列技术要求规定：

——观测仪器应性能稳定、可靠，符合进网技术要求。

——测震台网的台站数和台站间距，宜符合地震序列分析要求。Ⅳ级～Ⅴ级地震现场观测，台站数宜不少于5个；Ⅱ级～Ⅲ级地震现场观测，台站数宜不少于10个；Ⅰ级地震现场观测，台站数宜不少于20个；台站间距应小于10 km。

——地震现场电磁观测、地壳形变观测、地下流体观测台网要在原有台网的基础上，依据当地的实际观测条件，选择具有资料可比性和较好反映地震信息的观测手段，进行合理布设。

——Ⅳ级～Ⅴ级地震现场观测，数字强震动加速度仪宜不少于5个；Ⅱ级～Ⅲ级地震现场观测，数字强震动加速度仪宜不少于10个；Ⅰ级地震现场观测，数字强震动加速度仪宜不少于20个。可选择在典型建(构)筑物上布设数字强震动加速度仪。

——地震现场观测应配置实时记录与数据处理系统。

5.4 地震现场观测工作，应按附录A的规定编写报告。

6 地震现场震情分析

6.1 地震现场震情分析工作内容

地震现场震情分析，宜包括下列工作内容：

——地震序列分析与震后趋势判断；

——地震类型判定；

——地震宏观异常的收集与核实。

6.2 地震现场震情分析会商

在现场工作时限内，地震现场震情分析会商应每天至少一次。

6.3 地震现场震情分析与震后趋势判定工作报告

按附录B编写地震现场震情分析与震后趋势判定工作报告。

7 地震现场灾情收集

7.1 地震现场灾情收集工作内容

地震现场灾情收集工作，宜包括以下内容：

—— 地震造成破坏的范围、有感范围；

—— 地震造成的人员伤亡情况；

—— 地震造成的建(构)筑物损坏、破坏及室内外财产损失情况；

—— 地震造成的生命线工程、重大工程、重要设施破坏情况及其对社会生产及经济活动影响程度；

—— 地震造成的水灾、火灾、爆炸、疫病、有毒物质泄漏、放射性物质污染等次生灾害情况；

—— 地震造成的社会生活秩序、工作秩序、生产秩序受破坏及影响情况；

—— 地震形成的滑坡、地裂缝、塌陷、喷砂冒水等地震地质灾害及其对自然和生态环境造成的破坏和影响；

—— 其他相关情况。

7.2 地震现场灾情收集基本原则

7.2.1 灾情收集采用普查与抽样核实相结合的方法。

7.2.2 震后初期灾情收集以人员伤亡及生命线工程、生产与储存有毒、有害等物质建(构)筑物等的破坏情况为主。

7.2.3 震后应依据地震作用、震区地质与地理环境、社会经济要素等迅速进行地震灾害损失快速评估。

7.3 地震灾情速报

7.3.1 震后1 h内应迅速收集，整理、汇总地震影响和破坏情况的初步调查结果，并上报。

7.3.2 Ⅰ级地震现场震后48 h内，Ⅱ级～Ⅴ级地震现场震后36 h内，按1 h、2 h、6 h、6 h、6 h……时间间隔速报地震灾情或根据实际情况及时上报。

7.3.3 若有重大或突发性震情或事件应及时上报。

7.3.4 按附录C填写地震灾情上报表，并及时上报。

8 地震灾害损失评估

8.1 地震灾害直接损失评估内容

地震灾害直接损失评估，应遵循GB/T 18208.4—2005的规定，主要内容包括地震灾害造成的人员伤亡、地震造成物质破坏的经济损失以及救灾投入费用。

8.2 地震灾害直接损失评估时限

8.2.1 Ⅰ级地震现场工作，应在10 d内完成地震灾害直接损失初步评估，30 d内完成地震灾害直接损失评估。

8.2.2 Ⅱ级地震现场工作，应在5 d内完成地震灾害直接损失初步评估，20 d内完成地震灾害直接损失评估。

8.2.3 Ⅲ级～Ⅳ级地震现场工作，应在3 d内完成地震灾害直接损失初步评估，10 d内完成地震灾害直接损失评估。

8.2.4 Ⅴ级地震现场工作，应在7 d内完成地震灾害直接损失评估。

8.3 地震灾害直接损失评估的原则

8.3.1 地震灾害损失调查应采用一般建(构)筑物抽样调查、生命线工程和特殊建（构）筑物逐个调查相结合的方法，并应符合 GB/T 18028.3—2000 的规定。

8.3.2 应核实评估区灾前自然地理、社会、经济状况等基本资料。

8.3.3 应统一房屋类型划分和破坏等级判定依据。

8.4 地震灾害直接损失评估方法

地震灾害直接损失评估方法及要求按 GB/T 18208.4—2005 的规定执行。

8.5 地震间接经济损失评估

可对地震间接经济损失进行评估。地震间接经济损失按一次灾害计算损失，不考虑连锁灾害损失。

9 地震现场调查

9.1 地震现场调查工作内容

9.1.1 Ⅰ级～Ⅳ级地震现场调查工作内容

Ⅰ级～Ⅳ级地震现场调查工作包括下列内容：

——地震烈度调查；

——地震宏观异常现象调查；

——建(构)筑物震害调查；

——生命线工程震害调查；

——发震构造调查；

——地震地质灾害调查；

——地震社会影响调查等。

9.1.2 Ⅴ级地震现场调查工作内容

Ⅴ级地震现场调查工作包括下列内容：

——地震烈度调查；

——地震宏观异常现象调查；

——建(构)筑物震害调查；

——生命线工程震害调查；

——地震社会影响调查等。

9.2 地震现场调查的基本原则

9.2.1 地震现场调查，应根据地震灾害损失评估抽样点的分布情况、各抽样点的工作详细程度合理布设调查路线和调查点。

9.2.2 在同一调查点，宜同时完成对所有内容的调查。

9.2.3 地震烈度应根据房屋破坏情况，参考震害指数计算结果、强震动加速度记录、建筑物安全鉴定结果，依据 GB/T 17742 确定。

9.3 地震现场调查方法

地震现场调查方法及要求，应按 GB/T 18208.3—2000 的规定执行。

10 地震现场建筑物安全鉴定

10.1 地震现场建筑物安全鉴定内容

10.1.1 应对地震现场建筑物在震后地震应急期间、预期地震作用下的安全性进行鉴定或评定。并应填写鉴定意见表。

10.1.2 对用于救灾避震的建筑物，应首先进行安全鉴定。

10.1.3 对可能发生严重次生灾害的建(构)筑物，应在安全鉴定的基础上提出预防措施建议。

10.2 地震现场建筑物安全鉴定原则

10.2.1 地震现场建筑物安全鉴定应根据建筑物的用途有区别地进行，并着重对以下建筑物进行安全鉴定：

—— 对抗震救灾有重要意义的建筑物；

—— 人员密集的公共建筑物；

—— 对居民生活、恢复正常社会秩序有影响的建筑物；

—— 生产与储藏有毒、有害等危险物品的建筑物。

10.2.2 在进行地震现场调查时，应同时对关系到抗震救灾、可能发生严重次生灾害的建筑物进行安全鉴定。

10.2.3 地震现场建筑物安全鉴定的结果宜作为震害调查、地震灾害损失评估的统计样本和地震烈度评定的参考依据之一。

10.3 地震现场建筑物安全鉴定方法

地震现场建筑物安全鉴定方法，应依据 GB/T 18208.2 — 2001 的规定。

11 地震现场工作总结

11.1 地震现场工作的整理与核实

在结束地震现场工作前，应根据有关技术规范的要求，对编制各业务专项报告所需的科学资料和结果进行核实和初步分析，并对所缺资料进行及时收集、补充。

11.2 地震现场工作报告编制

地震现场工作报告按附录 D 的规定编写。

11.3 地震现场工作资料归档

11.3.1 地震现场工作资料归档应符合科技档案管理的规定。

11.3.2 归档资料应按地震现场工作概况、地震现场灾情收集上报、地震现场观测、地震现场震情分析、地震灾害损失评估、地震现场调查、地震现场建筑物安全鉴定等分类整理。

11.3.3 归档资料应包括以下内容：

—— 地震现场仪器观测的原始数据；

—— 地震现场工作报告、观测报告、损失评估报告、科考报告、建筑物安全鉴定报告；

—— 地震现场收、发的各种文件、材料；

—— 地震现场电话(电台)记录、领导及上级指示；

—— 地震现场各种会议记录；

—— 地震现场工作各种原始记录手簿、图件、观测记录；

—— 地震现场影像资料。

11.3.4 地震现场工作资料整理归档的时限，应符合下列规定：

—— Ⅰ级 ~ Ⅱ级地震现场工作，应在地震现场工作结束后 3 个月内完成归档；

—— Ⅲ级 ~ Ⅳ级地震现场工作，应在地震现场工作结束后 2 个月内完成归档；

—— Ⅴ级地震现场工作，应在地震现场工作结束后 1 个月内完成归档。

附　录　A
（规范性附录）
地震现场观测工作报告内容

A.1　地震现场观测概况

地震现场观测概况包括：

——原有测震及电磁观测、地壳形变观测、地下流体观测项目概况；

——震后原有测震及电磁观测、地壳形变观测、地下流体观测项目运转情况。

A.2　地震现场观测情况

地震现场观测情况包括：

——原有观测项目恢复情况；

——新增设临时观测项目情况；

——台网布设；

——新增设临时观测项目台址基本情况；

——仪器性能及主要参数；

——观测内容和技术要求；

——观测原始数据入库情况；

——数据处理方法；

——资料报送及使用情况；

——地震现场观测总结。

附　录　B
（规范性附录）
地震现场震情分析与震后地震趋势判定工作报告内容

B.1　震情分析

地震现场震情分析内容包括：

——地震事件的性质分析；

——地震活动背景分析；

——震后区域性地震趋势分析。

B.2　震后地震趋势判定

地震现场震后地震趋势判定内容包括：

——资料使用及处理；

——异常的核实、分析与判断；

——地震序列及震型判定；

——后续地震的预测和地震趋势判定。

附 录 C
（规范性附录）
地震灾情上报表格式

地震灾情上报表

第__期

<table>
<tr><td>上报单位</td><td colspan="2"></td><td>批准人</td><td></td><td>填表人</td><td></td></tr>
<tr><td>灾情截止时间</td><td colspan="4">年 月 日 时</td><td>上报时间</td><td>年 月 日 时</td></tr>
<tr><td>灾区范围</td><td>经度</td><td></td><td>纬度</td><td></td><td>地名(县级)</td><td></td></tr>
<tr><td rowspan="3">人员伤亡
情况</td><td>死亡</td><td>人</td><td>重伤</td><td>人</td><td>轻伤</td><td>人</td></tr>
<tr><td>主要地点</td><td colspan="5"></td></tr>
<tr><td>主要原因</td><td colspan="5"></td></tr>
<tr><td rowspan="2">牲畜死亡
情况</td><td>大牲畜</td><td></td><td>小牲畜</td><td></td><td>地点(乡村级)</td><td></td></tr>
<tr><td>主要原因</td><td colspan="5"></td></tr>
<tr><td>建(构)筑物
破坏概况</td><td colspan="6"></td></tr>
<tr><td>生命线等工程
破坏概况</td><td colspan="6"></td></tr>
<tr><td>次生灾害情况</td><td colspan="6"></td></tr>
<tr><td>室内财产损失情况</td><td colspan="6"></td></tr>
<tr><td>震区人员生活状况</td><td colspan="6"></td></tr>
<tr><td>社会秩序影响情况</td><td colspan="6"></td></tr>
<tr><td>地震灾区救灾情况</td><td colspan="6"></td></tr>
<tr><td>地震地质灾害情况</td><td colspan="6"></td></tr>
<tr><td>各类异常现象</td><td colspan="6"></td></tr>
<tr><td>其他需说明的情况</td><td colspan="6"></td></tr>
</table>

附 录 D
(规范性附录)
地震现场工作报告内容

D.1 地震基本情况概述

——地震发生的时间、地点、震级;
——地震造成的损失情况;
——建(构)筑物破坏特点;
——地震动参数(烈度或加速度)和分布情况;
——发震构造。

D.2 地震灾区概况

——地震灾区自然地理概况;
——地震灾区社会经济概况;
——地震灾区地震地质概况。

D.3 现场工作组织

——组织机构;
——现场工作人员及分工。

D.4 现场工作概况

——现场工作部署;
——现场工作进展概况;
——各种事件对策及效果。

D.5 抗震救灾概况

——各级政府抢险救灾机构的运作;
——抢险救灾队伍规模及效果;
——各类援助情况;
——灾民安置情况;
——疫病防治情况等。

D.6 分析总结

——地震社会影响分析;
——经验教训。

ICS 91.120.25
P 15

中华人民共和国国家标准

GB 18208.2—2001

地震现场工作
第二部分:建筑物安全鉴定

Post-earthquake field works—
Part 2: Safety assessment of buildings

2001-02-02 发布　　2001-08-01 实施

国家质量技术监督局 发布

前　言

本标准的第10章、第11章和附录B为推荐性的，其余的技术内容为强制性的。

本标准是依据历次地震的震害经验和地震现场安全鉴定的实践经验，以及建筑抗震性能分析和试验研究成果，同时参照现行有关法规和标准制定的。

制定本标准的主要目的，是为了贯彻《中华人民共和国防震减灾法》，在地震现场工作中，切实做好受震房屋建筑的安全鉴定，保障灾区人民的生命和财产的安全，尽快妥善安置灾民，恢复正常的社会秩序，维护社会的稳定。

本标准是《地震现场工作》系列标准的第10部分。该系列标准包括：

第一部分：基本规定(制定中)；

第二部分：建筑物安全鉴定；

第三部分：调查规定(GT/T 18208.3 — 2000)；

第四部分：灾害损失评估规范（制定中)。

本标准由中国地震局提出，由全国地震标准化技术委员会归口。

本标准起草单位：中国地震局工程力学研究所。

本标准主要起草人：杨玉成、孙柏涛、张令心、郭恩栋、孙景江、尚久铨。

地震现场工作
第二部分：建筑物安全鉴定

1 范围

1.1 本标准规定了在较强地震发生后，在地震现场对震区建筑物的安全进行鉴定的原则和方法。

本标准适用于震后地震应急期间，在预期的地震作用中，在地震现场对受震建筑进行安全临鉴定。

本准准不适用于震前和震后根据抗震设防烈度的要求，对建筑物进行抗震鉴定和危房鉴定。

1.2 应着重对下列受震建筑进行安全鉴定：

a）抗震救灾重要的建筑；

b）人员密集的公开建筑和居住建筑；

c）对恢复正常社会秩序有影响的建筑。

1.3 在遭受严重破坏性地震的场区，应首先鉴定下列受震建筑：

a）在抗震救灾应急期，急需恢复使用或在使用的建筑；

b）用作救灾避难场所和危及救灾避难场所安全的建筑；

c）生产、贮藏有毒、有害等危险物品的建筑。

2 引用标准

下列标准所包含的条文，通过在本标准中引用而构成为本标准的条文。本标准出版时，所示版本均为有效。所有标准都会被修订，使用本标准的各方应探讨使用下列标准最新版本的可能性。

GB 50023 — 1995 建筑抗震鉴定标准

JGJ 125 — 1999 危险房屋鉴定标准

3 定义

本标准采用下列定义。

3.1 地城现场安全鉴定 safety assessment in post – earthquake field

在发生较强地震后的应急期间，通过检查受震建筑的震损状况和原建筑的抗震能力，对其在预期地震作用下的安全进行鉴别和评定。

3.2 预期地震作用 expect earthquake effect

依据震情分析，预估受震建筑可能再次遭受到的地震影响。它包括：

a）影响强度较既发地震作用小的地震影响，简称为小震作用；

b）影响强度与既发地震作用大致同等或更大的地震影响，简称为大震作用。

3.3 安全建筑 safe building

受震建筑在预期地震作用中可安全使用的建筑。

3.4 暂不使用建筑 temporarily unresidential building

受震建筑在预期地震作用中，可能发生危及生命或(和)导致财产重大损失的震害，不能确保使用安全，或受震建筑的抗震能力和使用安全在地震现场一时难以评定的建筑。

3.5 震损 earthquake damage

在较强地震发生后，对建筑遭受地震破坏、损坏等各种现象的统称，是建筑物安全鉴定的主要依据之一。

4 总则

4.1 基本原则

4.1.1 受震建筑的安全鉴定，应按所处的地震作用、建筑物的使用性质、震损现状和原抗震设防能力，以及场地、地基和毗邻震害的影响，进行综合判断。

4.1.2 预期地震作用的大小，依据现场抗震救灾指挥部对震后地震趋势的判定。当有两种震情分析意见时，依据影响较强烈的地震作用进行。

4.1.3 建筑抗震设防水准的确定。

抗震设防建筑的原设计或抗震鉴定中的设防烈度，可通过检查现状进行核对，并按查核结果采用。

未经抗震设防的建筑，可在地震现场判断原建筑在震前达到抗震鉴定标准(GB 50023)中相应的设防烈度。

4.1.4 建筑物安全鉴定，只对单体建筑进行快速鉴定。现场鉴定以目测其震损情况、查建筑档案和震害预测结果等资料、询问用户该结构的震前状况和以往震害经验为主，必要时采用仪器测试和结构验算。对建筑物上部结构的震损，要判断是否由场地影响和地基失效所致。

4.1.5 建筑物安全鉴定，应在现场调查当即或在现场工作期间给出鉴定意见，填写鉴定意见表(附录A)。复杂的或重要的建筑，应在协议时间内给出鉴定意见。在地震作用改变和(或)再次受震后，建筑的安全应做复查，并需考虑损伤积累，重新给出鉴定意见。

4.2 类别划分

4.2.1 受震建筑安全鉴定的结果，分为两种。

a) 安全建筑；

b) 暂不使用建筑。

4.2.2 原建筑的抗震设防状况，分为两级。

a) A级：按设防烈度要求建造或符合抗震鉴定标准中设防烈度要求的；

b) B级：未经抗震设防的。

注：建筑物的抗震设防烈度分为：Ⅵ度、Ⅶ度、Ⅷ度和Ⅸ度。

4.2.3 根据在地震应急期的使用性质，受震建筑分为甲、乙、丙、丁四类。

a) 甲类建筑：用作救灾避难中心和指挥部的建筑；

b) 乙类建筑：生产、贮藏有毒、有害等危险物品或地震时不能中断使用的建筑和在地震应急期有大量人员活动的公共建筑；

c) 丙类建筑：人员密集的公共建筑和居住建筑；

d) 丁类建筑：除上述三类之外的其他建筑，也称一般建筑。

4.3 安全建筑的基本要求

4.3.1 安全建筑震损现状的基本要求。

4.3.1.1 甲类安全建筑，应无震损，或有个别损伤点，不影响承载能力和稳定性，若该建筑震前已有轻度损坏，但在震时应无扩展。

4.3.1.2 乙类安全建筑，主体结构和非结构构件无震损，或有个别损伤点，但不影响承载能力和稳定性；震损的抹灰层或其他装修装饰，无发生或再发生成片、成块跌落的迹象；若该建筑震前已有轻度损坏，但在震时应无明显扩展。

4.3.1.3 丙类安全建筑，主体结构可出现少量轻度震损，不影响建筑结构的稳定性，承载能力可稍有降低；震损的非结构构件或装修装饰，在采取紧急措施后，不再有发生倾倒、跌落的迹象；震前原已损坏处可有扩展，但不危及建筑整体和局部的安全。

4.3.1.4 丁类安全建筑，受震建筑的整体可为轻度震损，个别震损可较明显，不影响整体和局部稳定性，个别构件承载能力可有下降，整体可稍有降低；非结构构件和装修装饰可有损坏，或已震落震倒，在采取紧急措施后，不再有发生倾倒、跌落的迹象；受震建筑在震前已有的破损，可有扩展，但不危及建筑整体和局部的安全。

4.3.2 安全建筑抗震设防情况的基本要求。

4.3.2.1 当预期地震作用为小震作用或大致等同于既发地震的地震作用时，各类安全建筑的抗震设防情况可不作考虑。

4.3.2.2 当预期地震作用大于既发地震的地震作用时，各类安全建筑的抗震设防烈度应不低于预估的地震烈度。

4.3.3 安全建筑周围环境的基本要求：

a）场地稳定，无山体崩塌、滑坡、垮岸、液化、水患等危及建筑安全的影响；

b）地基持力土层稳定，无滑移、不均匀沉降、承载力下降等影响；

c）毗邻建筑的震损，不会危及被鉴定建筑的安全。

4.4 暂不使用建筑

不符合本标准4.3条各项要求的建筑物，应鉴定为暂不使用建筑。对暂不使用建筑进行应急排险后，可按受震建筑进行安全鉴定。

5 多层砌体房屋

5.1 一般规定

5.1.1 本章适用于砖墙体和砌块墙体承重的多层房屋(含单层平房)的地震现场安全鉴定。

5.1.2 安全鉴定时，应全面检查墙体、墙体交接处的连接、楼屋盖构件、楼屋盖与墙体的连接以及女儿墙和出屋面烟囱等易引起倒塌伤人部件的震损。检查时应着重区分：抹灰层等装修装饰的震损和结构的震损；承重、自承重和非承重构件的震损；震前已有的破损和刚发生的震损。

5.2 各类安全建筑容许的震损

5.2.1 甲类安全建筑，震损部位与程度应不超过下述规定。

a）墙体及其交接处的连接，在墙砌体和抹灰层等面饰上均无裂缝，震前已有的裂缝未扩展；变形缝处的墙体可有损伤，但不影响结构承载能力，缝宽无变化；

b）楼屋盖构件无震损，在墙体上无错动迹象；瓦屋面无下滑掉落，可稍有错动迹象；预制板板间震前已有的裂缝无扩展；

c）出屋面的女儿墙、烟囱、门脸等非结构构件和屋脊屋角的饰物无震损，或个别有损，但不致失稳掉落；

d）与多层砌体房屋相贴的外廊、篷厦、外台级、散水坡、花池、护栏、围墙等，当有明显震损时，不危及被鉴定建筑的安全。

5.2.2 乙类安全建筑，震损部位与程度应不超过下述规定。

a）墙体交接处的连接无裂缝；墙砌体无裂缝，抹灰层等面饰可有裂缝或个别掉落，但不发生也无再发生成片震落的迹象；墙体震前已有的破损可稍有不明显的扩展；变形缝处的震损程度同甲类安全建筑；

b）楼屋盖构件同甲类安全建筑的要求；瓦屋面可有轻微错动下滑，檐瓦个别掉落；预制板板间震前已有的裂缝无明显扩展；天棚与墙体间可有微细裂缝，抹灰层等面饰局部可有裂缝，甚或个别小片掉落；

c）出屋面的非结构构件和饰物的震损，同甲类安全建筑；

d）与房屋相贴的附属建筑和小品的震损影响，同甲类安全建筑。

5.2.3 丙类安全建筑，震损部位与程度应不超过下述规定。

a）墙体交接处的连接无裂缝，支承大梁、屋架的墙体无裂缝，构造柱和圈梁无震损；承重、自承重的墙体可偶有细裂缝，填充墙可有裂缝，震前已开裂的墙体可有扩展，均不影响稳定性，对整体的承载能力可稍有降低；抹灰层等面饰可有裂缝，甚或成片掉落；

b) 混凝土楼屋盖构件无震损，在墙体上无错动，预制板板间可有裂缝；砖拱楼屋盖无震损，震前已有的裂缝无明显扩展；木楼屋盖构件无震损，节点可稍有松动迹象，瓦屋面可有错动下滑，檐瓦掉落；抹灰层等面饰局部可有裂缝、小片掉落；在采取应措施后，不再会有掉落发生；

c) 出屋面的非结构构件和饰物，可有裂缝、移位、倾斜等震损现象，在采取应急措施后，不再会有发生倾倒、跌落的迹象；

d) 与房屋相贴的附属建筑和小品的震损，可有伤害被鉴定建筑的现象，但应不危及被鉴定建筑的安全。

5.2.4 丁类安全建筑，震损部位与程度应不超过下述规定。

a) 墙体交接处的连接无裂缝，独立砖柱无震损，支承大梁、屋架的墙体无竖向裂缝；承重、自承重的墙体可有轻微裂缝，偶有个别裂缝较明显，震前已开裂的墙体可有扩展，但均不影响稳定性，对承载能力整体可稍有降低，个别墙段可有明显下降；构造柱无裂缝，墙柱间偶有微裂缝和施工不良所致震损；抹灰层等面饰和填充墙震损同丙类安全建筑；

b) 混凝土楼屋盖构件无震损，偶有个别构件在墙体上有松动迹象；预制板板间和震前已延伸到墙顶部的裂缝可见扩展，但不危及建筑整体和局部的安全；砖拱楼屋盖的拱券无裂缝，拱脚无明显位移，拉杆不松动，震前已有裂缝无明显扩展；木楼屋盖构件不折损，屋架无明显的倾斜，节点可有松动迹象，但不松脱，榫头榫眼不断裂，瓦屋面可有错动、下滑、部分掉落；天棚装修装饰可有裂缝、下垂、掉落；在采取应急措施后，不再会有掉落发生；

c) 出屋面的非结构构件和饰物，可有裂缝、移位、倾斜，甚或震落，在采取应急措施后，不会再发生倾倒、跌落；

d) 与房屋相贴的附属建筑和小品的震损影响，同丙类安全建筑。

6 多层和高层钢筋混凝土房屋

6.1 一般规定

6.1.1 本章适用于现浇及装配式混凝土多层和高层(含超高层)框架(包括填充墙框架)、框架—剪力墙、剪力墙和筒体结构的房屋的地震现场安全鉴定。

6.1.2 安全鉴定时，应全面检查梁、柱、剪力墙、梁—柱节点、楼屋面板等主要结构构件以及隔墙、装饰物等非结构构件的震损。检查时应着重区分：抹灰层等面饰的震损和结构的震损；主要承重构件及抗侧力构件和非承重构件及非抗侧力构件的震损；震前已有的破损和刚发生的震损。

6.2 各类安全建筑容许的震损

6.2.1 甲类安全建筑，震损部位与程度应不超过下述规定。

a) 梁、柱、梁—柱节点及剪力墙的混凝土和抹灰层等面饰均无裂缝，震前已有的裂缝未扩展；主体与裙房或副楼间无变形缝的，联结无震损，设变形缝的，缝宽无变化，缝两侧可少许震裂甚或个别掉落；

b) 楼屋盖构件无震损，现浇混凝土楼屋面板无裂缝，装配式楼屋面板板间震前已有裂缝无扩展，缝隙和天棚可有掉灰和少量掉皮现象；

c) 框架结构的填充墙、围护墙和隔墙与框架间无裂缝；砌体和抹灰层等面饰可偶有细微裂缝；震前已有的裂缝无扩展；

d) 室内外的装饰物、幕玻璃、女儿墙、门脸、挑檐、雨蓬等非结构构件无震损，或个别有损，但不致失稳掉落；

e) 与钢筋混凝土房屋相贴的外廊、篷厦、外台级、散水坡、花池、护栏、围墙等，当有明显震损时，不伤害被鉴定建筑的安全。

6.2.2 乙类安全建筑，震损部位与程度应不超过下述规定。

a) 梁、柱和梁 — 柱节点及剪力墙的混凝土均无裂缝，震前已有的裂缝无明显扩展；抹灰层等面饰可有裂缝或个别掉落，不发生也无再发生成片震落的迹象；主体和裙房或副楼间无变形缝的，连接处混凝土结构无裂缝，面饰可有细裂缝或个别掉落，设变形缝的，同甲类安全建筑；

b) 楼屋盖构件的混凝土结构同甲类安全建筑的要求；屋面板抹灰层等面饰可有少许裂缝，装配式楼屋面板板间震前已有的裂缝无明显扩展；天棚抹灰层等面饰局部可有裂缝，甚或个别小片掉落；

c) 填充墙、围护墙和隔墙与框架间无裂缝，砌体的门窗角可少许有短裂缝；抹灰层等面饰可有少许震损，震前已有的裂缝无明显扩展；

d) 室内外的饰物与出屋面的非结构构件，可有少许震损，但不失稳掉落；幕玻璃可偶有震裂甚至小块掉落；

e) 与房屋相贴的附属建筑和小品的震损影响，同甲类安全建筑。

6.2.3 丙类安全建筑，震损部位与程度应不超过下述规定。

a) 梁、柱和梁 — 柱节点的混凝土构件均无裂缝；剪力墙的洞口可有细微短缝，震前混凝土构件已有的裂缝可稍有扩展，节点附近梁柱的抹灰层等面饰可有少量裂缝甚或小片掉落，均不影响房屋整体和构件的稳定性，整体承载能力不明显降低；主体和裙房或副楼间的联结，可有轻度损坏，连接构件开裂或变形缝两侧有撞伤，不倾斜，不危及局部安全；

b) 混凝土楼屋盖现浇板基本无震损，可个别有裂纹，面层可有少量裂缝；预制板在梁、墙上无错动，板间震前已有的裂缝可稍微扩展；天棚可有裂缝或小片掉落，在采取应急措施后，不再会有掉落发生；

c) 抗侧力的砌体填充墙少数可有轻微裂缝，对整体承载能力可稍有降低；围护墙和隔墙可有裂缝，但不滑移错位，砌体和框架间无通长的贯通裂缝，震前已有的裂缝也可见扩展，墙体不歪闪、不致倾倒；

d) 幕玻璃可有震裂，少数掉落；室内外的饰物和出屋面的非结构构件可有裂缝、移动、倾斜等震损现象，在采取应急措施后，不再会有发生倾倒、跌落的迹象；

e) 与房屋相贴的附属建筑和小品的震损，可有伤害被鉴定建筑的现象，但应不危及被鉴定建筑的安全。

6.2.4 丁类安全建筑，震损部位与程度应不超过下述规定。

a) 柱和梁 — 柱节点的混凝土均无裂缝，梁构件可偶有细微裂缝；混凝土剪力墙的洞口可有裂缝，震前已有的裂缝及抹灰层等面饰的震损同丙类安全建筑，均不影响房屋稳定性，对整体承载能力可稍有降低；主体和裙房或副楼间的联结可有损坏，连接构件开裂，甚或混凝土崩落、露筋，但不曲屈，变形缝两侧可明显撞伤，小块掉落，但不倾斜；

b) 混凝土楼屋盖现浇板可少许有裂缝，预制板个别构件在墙体上可有松动迹象，板间震前已有的裂缝可见扩展；天棚装修饰物可有裂缝、下垂、掉落，在采取应急措施后，不再会有掉落发生；

c) 抗侧力的砌体填充墙部分可有轻微裂缝，对整体承载能力可稍有降低；围护墙和隔墙可有裂缝，轻质砌块隔墙可有较明显裂缝，震前已有的裂缝可见扩展，隔墙砌体与框架间可有裂缝，甚或有歪闪和部分震落现象，在采取应急措施后，不会再有倾倒、歪闪现象；

d) 幕玻璃可震裂散落；室内外饰物和出屋面非结构构件可有裂缝、移位、倾斜，甚或震落，在采取应急措施后，不会再发生倾倒、跌落；

e) 与房屋相贴的附属建筑和小品的震损影响，同丙类安全建筑。

7 内框架和底层框架砖房

7.1 一般规定

7.1.1 本章适用于由黏土砖墙与混凝土柱混合承重的内框架和底层为框架或框架—剪力墙的砖房(含类似的砌块房屋)的地震现场安全鉴定。

7.1.2 安全鉴定时，内框架砖房应着重检查各层纵向外墙(垛)和横向内外墙的震损，钢筋混凝土内柱的柱头和柱根的震损，大梁梁端及支承处墙体的裂缝，楼屋盖板间的裂缝，尤其要注意顶层和上部楼层的震损，观察横向和纵向的弯折倾斜，区分混凝土构造柱和框架柱的震损。检查底层框架砖房时，砖结构和混凝土结构可分别按 5.1.2 和 6.1.2 的要求，并应注意检查这两种结构的结合部位和框架托墙梁的震损，区分底层抗震墙和填充墙的震损。

7.1.3 对内框架和底层框架砖房进行安全鉴定的要求除本章阐明的条款外，还应符合本标准第 5 章和第 6 章中的规定。

7.1.4 在大震作用中，单排柱内框架和顶层全空旷砖房不应作为甲类或乙类建筑使用。

7.2 各类安全建筑容许的震损

7.2.1 甲类安全建筑，震损部位与程度应不超过下述规定。

a) 内框架房屋的砖砌体外墙和内墙均无裂缝，混凝土梁柱无震损，楼屋盖板不开裂，震前墙体和预制板板间已有裂缝无扩展；

b) 底层框架结构中的抗震墙和填充墙及其与梁柱的连接均无裂缝；框架梁及楼板无震损，震前已有裂缝无扩展；上层砖房同 5.2.1 的要求；

c) 内框架和底层框架砖房中，在上述 a)、b) 两款中未涉及到的，还应符合 5.2.1 和 6.2.1 的要求。

7.2.2 乙类安全建筑，震损部位与程度应不超过下述规定。

a) 内框架房屋的砖砌体无裂缝，抹灰层等面饰可有少许震损；混凝土梁柱无震损，楼屋盖板不震裂；震前已有裂缝无明显扩展；

b) 底层框架结构中抗震墙和填充墙的砌体无裂缝，墙与梁柱的连接无震损，震前已有裂缝无明显扩展，抹灰层等面饰可有少许震损；框架的梁柱及楼板无震损，震前已有裂缝无明显扩展，抹灰层等面饰可有少许灰皮脱落；上层砖房同 5.2.2 的要求；

c) 内框架和底层框架砖房中，在上述 a)、b) 两款中未涉及到的，还应符合 5.2.2 和 6.2.2 的要求。

7.2.3 丙类安全建筑，震损部位与程度应不超过下述规定。

a) 内框架房屋的承重外纵墙体(垛)在窗口上下可偶有不贯通的水平裂缝，山墙和内墙可偶有不通长的短裂缝，抹灰层等面饰可有裂缝甚或个别掉落；梁柱混凝土无裂缝，抹灰层等面饰可在柱头柱根有少数开裂，楼屋盖板基本无震损；震前已有裂缝可稍有扩展；震损墙段和内框架的承载能力可稍有降低，但不丧失局部和整体的稳定性；

b) 底层框架结构中的抗震墙可在洞口偶有短裂缝，墙与梁柱的连接不开裂；填充墙可有裂缝，与梁柱的连接局部可有细裂缝，但不歪闪；框架的梁柱及楼板基本无震损，抹灰层等面饰可在柱头、柱根有个别开裂，震前已有裂缝可稍有扩展；震损抗震墙的底层框架承载能力可稍有降低，但不丧失稳定性；上层砖房同 5.2.3 中的要求；

c) 内框架和底层框架砖房中，在上述 a)、b) 两款中未涉及到的，还应符合 5.2.3 和 6.2.3 的要求。

7.2.4 丁类安全建筑，震损部位与程度应不超过下述规定。

a) 内框架房屋的承重外纵墙体(垛)在窗口上下少数可有水平细裂缝，但不错位、不压崩，梁下支承墙体无竖缝，构造柱不开裂；山墙、角墙和内墙少数可有裂缝；梁柱混凝土基本无震损，多排柱的内框架个别柱头柱根混凝土可有水平裂缝，但混凝土不酥松、不崩裂、不露筋，梁垫个别可有松动但支承墙体不松散，梁柱抹灰层等面饰可有开裂甚或小块掉落；震前已有裂缝可有扩展，但不丧失承载能力；震损墙段的抗震承载能力可有降低，但不歪闪倾折，不丧失稳定性；

b）底层框架结构中的抗震墙，部分可有细裂缝，不错位滑移；墙与梁柱之间可局部有裂缝，不裂通、不歪闪，连接筋不拉脱；填充墙可有明显裂缝，甚至歪闪跌落，在应急处理后不再会发生危及安全的震损；框架的梁柱及楼板基本无震损，个别柱头混凝土可偶有裂缝，托墙框架梁无裂缝；震前已有裂缝可有扩展，但不丧失承载能力；梁柱抹灰层等面饰可开裂甚或成片掉落，在应急处理后不再会掉落；震损的框架—抗震墙承载力可有降低，底层整体的承载能力可稍有降低，但不丧失局部和整体的稳定性；上层砖房同5.2.4中的要求；

c）内框架和底层框架砖房中，在上述a）、b）两款中未涉及到的，还应符合5.2.4和6.2.4的要求。

8 单层钢筋混凝土柱厂房

8.1 一般规定

8.1.1 本章适用于单层钢筋混凝土柱厂房的地震现场安全鉴定。

8.1.2 安全鉴定时，应重点检查柱、屋盖构件、支撑系统及围护墙体的震损，并注意高低跨封墙、山墙山尖、女儿墙、封檐墙、悬墙、天窗等易倒塌部位和辅房的破坏情况。检查时应区分：抹灰层等装修装饰的震损和结构的震损；承重结构和围护结构的震损；震前已有的破损和刚发生的震损。

8.2 各类安全建筑容许的震损现状

8.2.1 甲类安全建筑，震损部位与程度应不超过下述规定。

a）柱身、柱头、柱肩均无震损，震前已有的破损未扩展；

b）屋面板、屋架及天窗架构件与其连接均无震损，震前已有的裂缝未扩展；

c）屋盖支撑系统无变形和失稳现象，纵向柱列柱间支撑无变形；

d）承重或非承重山墙和封山墙、围护纵墙、封檐墙和高低跨封墙均无震损，震前已有的裂缝未扩展；墙与柱、梁之间的连接无松动迹象；

e）女儿墙、悬墙、隔墙等部位无震损，或个别有轻微震损，但不致失稳掉落，也不影响观瞻；

f）与厂房相贴或相连的附属辅房和副跨，按其结构性质，应相应符合5.2.1、6.2.1和9.2.1的要求。

8.2.2 乙类安全建筑，震损部位与程度应不超过下述规定。

a）柱身、柱头、柱肩均无震损，震前已有的破损无明显的扩展；

b）屋面系统构件与其连接均无震损，震前已有的裂缝无明显扩展；

c）屋盖支撑系统无变形和失稳现象，纵向柱列柱间支撑无变形；

d）承重山墙不开裂，非承重山墙山尖和封山墙可偶有微裂；围护墙不开裂、不外闪，与柱和梁连接无松动迹象，封檐墙可偶有微裂；

e）女儿墙、悬墙、隔墙等部位的震损限制同甲类安全建筑；

f）与厂房相贴或相连的附属辅房和副跨，按其结构性质，应相应符合5.2.2、6.2.2和9.2.2的要求。

8.2.3 丙类安全建筑，震损部位与程度应不超过下述规定。

a）柱基本无震损，个别可有细裂缝，抹灰层裂缝可较明显，震前已有的裂缝可稍有扩展，均不影响柱本身和厂房整体的稳定性，在柱的开裂处截面抗震承载能力可稍有下降；

b）屋架、屋面板、天窗架基本无震损；构件连接的支座部位个别可有轻微错动的迹象，预埋板偶有松动，致使埋板下混凝土开裂；个别屋架上弦第一节间弦杆及梯形屋架端竖杆可有细裂缝；个别天窗架立柱可有细微裂缝；轻质瓦屋面可有错动下滑，在采取应急措施后不会掉落；

c）屋盖支撑系统基本无震损，个别天窗架支撑竖杆可有轻度压曲；纵向柱列柱间钢支撑不压曲，混凝土支撑不压崩，个别可有拉裂；

d）承重山墙顶部可有细微裂缝，不外闪；围护的高低跨封墙、封山墙、山尖、封檐墙等部位可有微裂，不外闪；围护墙体的连接，少数可有细裂缝或松动，不失稳；抹灰层等面饰可有裂缝，甚或小片掉落；

e）女儿墙、悬墙、隔墙等部位可有裂缝、移位、倾斜现象，在采取应急措施后，不会再发生倾倒或跌落现象；

f）与厂房相贴或相连的附属辅房和副跨，按其结构性质，应相应符合5.2.3、6.2.3和9.2.3的要求。

8.2.4 丁类安全建筑，震损部位与程度应不超过下述规定。

a）柱基本无震损，少数可出现细裂缝，抹灰层的裂缝可较明显，震前已有的破损可有扩展，均不影响柱本身和厂房整体的稳定性，柱的承载能力可稍有降低；

b）屋架、屋面板、天窗架基本无震损；少数屋面板在与屋架上弦连接的支座部位可有轻微错动；屋架端头顶面与屋面板焊连的预埋板偶有松动，埋板下混凝土开裂；屋架第一节间弦杆及梯形屋架端竖杆可有细缝；少数天窗架的立柱可有细缝，个别裂缝可较明显；轻质瓦屋面可有错动、下滑，甚至部分掉落，在采取应急措施后，不会再有掉落发生；

c）屋盖支撑系统基本无震损，少数天窗架支撑竖杆可压曲，但不致失稳掉落；纵向柱列柱间钢支撑可有个别斜杆压曲，个别混凝土支撑开裂，个别杆件与柱连接节点拉裂，不影响厂房整体的纵向稳定性；

d）承重山墙顶部和门口可有裂缝；围护的高低跨封墙、封山墙、山尖、封檐墙等部位可有裂缝甚或个别掉落，在采用排险后不会再发生跌落；墙体门窗角及与柱、圈梁及屋盖的连接处也可有细缝或松动，有的裂缝可较明显，但均不失稳；抹灰层等面饰可有裂缝，甚或成片掉落；

e）女儿墙、悬墙、隔墙等部位的震损，可有裂缝、位移、倾斜，甚或局部倾倒掉落，在采取应急措施后，不会再发生倾倒或跌落现象；

f）与厂房相贴或相连的附属辅房和副跨，按其结构性质，应相应符合5.2.1、6.2.1和9.2.1的要求。

9 单层砖柱厂房和空旷房屋

9.1 一般规定

9.1.1 本章适用于砖墙垛（或不带壁柱）、砖柱承重的单层厂房（含库房）及剧院、俱乐部、礼堂、食堂等空旷房屋的地震现场安全鉴定。

9.1.2 安全鉴定时，应全面检查砖柱、砖墙垛、山墙、屋盖构件及支撑系统、屋盖构件与墙或柱的连接部位的震损，并应注意变截面柱和不等高排架柱的上柱、空旷房屋的午台口大梁上的砌体和支承墙体，以及山墙山尖、封山墙、封檐墙、女儿墙、门脸等出屋面易倒塌部位的破坏。检查时还应着重区分：抹灰层等面饰的震损和结构的震损；承重构件和非承重构件的震损；震前已有的破损和刚发生的震损。

9.2 各类安全建筑容许的震损

9.2.1 甲类安全建筑，震损部位与程度应不超过下述规定。

a）砖柱、砖墙垛无震损，山墙无裂缝，震前已有的裂缝未扩展；

b）屋盖构件和支撑系统无震损；瓦屋面无下滑掉落，可稍有错动迹象；混凝土屋面板无错动；天棚可有掉灰和少量掉皮现象；

c）屋盖构件与柱、墙体（垛）的连接部位无裂缝、无松动迹象；

d）午台口大梁上的砌体和支承墙体无损伤；封山墙、封檐墙和女儿墙、门脸等出屋面部位的砌体和饰物不开裂；幕玻璃、抹灰层个别可有裂缝，但不致失稳掉落；

e）与其相贴或相连的砌体结构和混凝土结构房屋以及附属建筑和小品的震损，按其结构性质，应相应符合5.2.1、6.2.1和8.2.1的规定。

9.2.2 乙类安全建筑，震损部位与程度应不超过下述规定。

a）砖柱、砖墙垛无震损，山墙无裂缝，震前已有裂缝无明显扩展；

b）屋盖构件和支撑系统无明显震损；瓦屋面可稍有下滑，个别檐瓦掉落；屋面板无错动；天棚可有少许震损，抹灰层等面饰可开裂；

c）屋盖构件与柱、墙的连接部位无裂缝，山墙檩端可稍有松动；

d）午台口大梁上的砌体和支承墙体无损伤；封山墙、封檐墙和女儿墙、门脸等出屋面部位的砌体和饰物基本无损，可偶有开裂；幕玻璃、抹灰层等面饰可有少许裂缝，但均不致失稳和成片掉落；

e）与其相贴或相连的砌体结构和混凝土结构房屋以及附属建筑和小品的震损，按其结构性质，应相应符合5.2.2、6.2.2和8.2.2的规定。

9.2.3 丙类安全建筑，应符合下列要求。

a）砖柱无震损，纵墙(垛)可偶有细微水平裂缝，但无压崩，震前已开裂的墙体可稍有扩展，但不影响稳定性，承载能力可稍有降低；山墙不倾斜，门洞角部墙体、非承重山墙的山尖、封山墙可有轻微开裂，但不滑移错位；圈梁无震损；抹灰层等面饰可有裂缝，甚或小块掉落；

b）混凝土屋盖构件和支撑系统基本无震损，屋面板在屋架或大梁上无错动，重屋盖的天窗两侧竖向支撑和气楼间的竖向交叉支撑可偶有轻微变形；木屋架及其支撑系统的节点可稍有松动，瓦屋面可有错动下滑，檐瓦部分掉落，天棚与墙体间可有微细裂缝，抹灰层等面饰局部可有裂缝、小片掉落，在采取应急措施后，不会再有掉落发生；

c）屋架和大梁在墙体(垛)和柱头上连接基本无损，偶有错动迹象也无位移；承重山墙上搁置板或檩的压顶圈梁不开裂，板或檩在圈梁上或在无圈梁的砖墙顶可有错动迹象，无明显位移；

d）午台口大梁上的砌体无震损，支撑墙体无明显裂缝；封檐墙及女儿墙、门脸等出屋面墙体可有裂缝，甚或局部掉落，在采取应急措施后，不会再有倾倒、跌落的现象发生；

e）与其相贴或相连的砌体结构和混凝土结构房屋以及附属建筑和小品的震损，按其结构性质，应相应符合5.2.3、6.2.3和8.2.3的规定。

9.2.4 丁类安全建筑，应符合下列要求。

a）砖柱无震损，纵墙(垛)可有细微水平裂缝，但无压崩，门窗角可有短裂缝，震前已开裂的墙体可有扩展，均不影响墙体及整个建筑的稳定性，承载能力可稍有降低；山墙门洞口可有微细裂缝，非承重山墙的山尖和封山墙可有裂缝，甚或局部掉落；装配式圈梁个别接头可有裂缝；抹灰层等面饰的震损要求同丙类安全建筑；

b）混凝土屋盖构件和支撑系统基本无震损，屋面板个别偶有松动，重屋盖的天窗两侧竖向支撑和气楼间的竖向交叉支撑可有轻微变形；木构件不断裂，木屋架无明显倾斜，木屋架的节点可稍有松动，瓦屋面可有错动、下滑或部分掉落；天棚、装修装饰等可有裂缝、下垂或掉落，在采取应急措施后，不会再有掉落发生；

c）屋架和大梁在墙体(垛)和柱头上基本无损，个别可有错动，砌体不酥松；承重山墙上搁置板或檩的压顶圈梁不开裂，板或檩在圈梁上或在无圈梁的砖墙顶可稍有错动，但山墙不外倾；

d）午台口大梁上的砌体无裂缝、不倾斜，支撑墙体无竖向裂缝；女儿墙、门脸、填充隔墙、封檐墙等可有裂缝，甚或局部掉落，在采取应急措施后，不会再发生倾斜掉落；

e）与其相贴或相连的砌体结构和混凝土结构房屋以及附属建筑和小品的震损，按其结构性质，应相应符合5.2.4、6.2.4和8.2.4的规定。

10 木结构房屋

10.1 一般规定

10.1.1 本章适用于屋盖、楼盖和支承柱均由木材制作的木结构房屋的地震现场安全鉴定。这类房屋主要包括：穿斗木构架、木柁架(旧式木骨架)、木柱木屋架房屋和康房，以及单层土、石、砖墙(柱)承重的柁木檩架房屋和木柱、砖墙柱混合承重的房屋。

注：混合承重房屋中的砖墙(柱)和土、石墙的安全鉴定可参照本标准第5章、第9章和第11章中的有关规定。

10.1.2 安全鉴定时，应着重检查木构件与其节点的震损，构件的变形、劈裂、折断，节点的松动、拔榫、断裂，构架的歪扭、倾折、移位；围护墙(或承重墙柱)的震损及对木构架稳定性的影响；屋面及屋脊屋角饰物的震损。还应注意查看木结构的构造，腐朽、蛀蚀和庇病；墙体的材料和质量，与木构件的连接；结构的震损是否与场地影响有关。

10.1.3 受震木结构房屋，一般只能作为丁类建筑。

10.2 穿斗木构架房屋

10.2.1 南方地区的穿斗木构架房屋，受震后无损伤，且用料和构造规正，围护墙用砖砌或为木板木格栅轻质抗震墙，在预估大震作用的烈度影响不大于既发地震作用的烈度1度以上，可鉴定为丁类安全建筑；若无轻质抗震墙时，在大致等同于既发的地震作用中可鉴定为丁类安全建筑。

10.2.2 瓦屋面松动，个别檐瓦下滑掉落，屋脊屋角饰物偶有震损，墙体局部掉灰皮偶有开裂，木构架无震损。当木构架构造和墙体材质及地震作用同上述10.2.1条时，鉴定为大震作用的丁类安全建筑。若围护墙为土、石时，在小震作用中可鉴定为丁类安全建筑，在大震作用中宜鉴定为暂不使用建筑。

10.2.3 瓦屋面松动，下滑较普遍，檐瓦掉落，屋脊屋角饰物掉落，个别墙体开裂偶有塌落，木构架基本无震损，不歪闪。当木构架构造和墙体材质同上述10.2.1条时，在大震作用中宜鉴定为暂不使用建筑，在小震作用中可鉴定为丁类安全建筑；当墙体为土、石时，在小震作用中宜鉴定为暂不使用建筑。

10.2.4 屋面和饰物震损明显，墙体部分开裂或个别塌落，木构架节点松动，个别柱在石墩上滑移，整体有歪闪，均宜鉴定为暂不使用建筑。

房屋无震损或轻微震损，但木构件腐朽、蛀蚀、庇病和变形明显，或墙体开裂、空臌、酥碱和歪闪严重，亦宜鉴定为暂不使用建筑。

10.3 木柁架房屋

10.3.1 北方地区的木柁架房屋，受震后无损伤，且木柱与大柁(梁)用榫接和铁件加固，檩木下有檩枋或托檩，围护墙用磨砖对缝或砖墙体的砌筑砂浆强度不低于M1，在预估大震作用的烈度影响不大于既发地震作用的烈度1度以上，可鉴定为丁类安全建筑；若无加固铁件，用不低于M0.4砂浆砌砖墙，在大致等同于既发的地震作用中可鉴定为丁类安全建筑。

10.3.2 受震木柁架的震损同10.2.2，构造材质及地震作用同10.3.1时，可鉴定为大震作用中的丁类安全建筑；若围护墙为土、石或低于M0.4砂浆强度砌砖墙，在小震作用中可鉴定为丁类安全建筑，在大震作用中宜鉴定为暂不使用建筑。

10.3.3 瓦或泥屋面松动，檐瓦下滑掉落，屋顶饰物震损偶有掉落，墙体个别开裂偶有塌落，木柁架基本无震损，不歪闪。当构造和材质同10.3.1时，在大震作用中宜鉴定为暂不使用建筑，在小震作用中可鉴定为丁类安全建筑；当墙体砌筑砂浆低于M0.4或为土、石，在小震作用中宜鉴定为暂不使用建筑。

10.3.4 屋面和饰物震损明显，柁架节点轻微松动或稍有歪斜，墙柱间有裂缝，檐头、墙角松动甚或掉落，土、石墙部分塌落，表砖开裂甚或掉落，均宜鉴定为暂不使用建筑。

毛石、碎砖或表砖里坯墙震损轻微、无震损的墙体酥碱严重或木柁檩腐朽蛀蚀明显，亦宜鉴定为暂不使用建筑。

10.4 木柱木屋架房屋

10.4.1 无震损，且用料规正，木柱木屋架连接设角撑，屋架支撑完备，围护墙在柱外，砖或石墙体的砌筑砂浆强度分别不低于M2.5和M5，在预估大震作用的烈度不大于既发地震作用的烈度1度，可鉴定为丁类安全建筑；若砖墙和块石墙的砂浆强度分别不低于M1和M2.5或用料石干砌，在大致等同于既发的地震作用中可鉴定为丁类安全建筑。

10.4.2 木构架基本无损，围护墙檐头、山墙尖和门窗角有少量细裂缝，屋面稍有松动，且木构架构造和墙体材质及地震作用同10.4.1，可鉴定为大震作用中的丁类安全建筑；若屋架和柱间无角撑，或围护墙用M0.4和M1砂浆强度砌筑砖墙和块石墙，在小震作用中可鉴定为丁类安全建筑，在大震作用中宜鉴定为暂不使用建筑。

10.4.3 木构架不歪闪，木柱和屋架节点有松动迹象但未损坏，墙柱间有互推迹象，檐头、山墙尖开裂偶有震落，门窗角墙体部分有裂缝，屋面松动、下滑，檐瓦和饰物偶有掉落。当木屋架支撑完备，围护墙用砖或块石砌筑时，在小震作用中可鉴定为丁类安全建筑，在大震作用中宜鉴定为暂不使用建筑；当围护墙为毛石、土坯或表砖里坯墙时，在小震作用中宜鉴定为暂不使用建筑。

10.4.4 柱和屋架间节点损坏，或木构架倾斜，墙柱间碰撞，砖墙体部分开裂或倒塌，檐头、山尖局部掉落，山墙外倾，或震损轻微的木构架无角撑、无支撑，围护墙用土、毛石或表砖里坯墙，或无震损的墙体酥碱严重，木构件腐朽蛀蚀明显，均宜鉴定为暂不使用建筑。

10.5 康房

10.5.1 藏族地区的木结构房屋康房，受震后无损伤，且底层木柱间设斜撑或轻质抗震墙，上层柱脚与楼盖有连接，在预估大震作用的烈度影响不大于既发地震作用的烈度1度，可鉴定为丁类安全建筑；当无斜撑、无抗震墙且柱脚未连接时，在大致等同于既发的地震作用中可鉴定为丁类安全建筑，在大于既发地震的大震作用中宜鉴定为暂不使用建筑。

10.5.2 受震康房柱列稍有歪斜，或上层稍有移位，在大震作用中宜鉴定为暂不使用建筑，在小震作用中可鉴定为丁类安全建筑；当柱列明显歪斜或上层明显移位时，在小震作用中宜鉴定为暂不使用建筑。

11 土石墙房屋

11.1 一般规定

11.1.1 本章适用于土石墙承重房屋的地震现场安全鉴定。这类房屋主要包括：土窑洞和土拱房，土坯墙和夯土墙承重的房屋，表砖里坯墙和砖柱土坯墙承重的房屋，毛石、块石和料石墙承重的房屋。

11.1.2 受震土石墙房屋，在地震应急期不宜作为甲类、乙类和丙类建筑，现场鉴定为安全建筑即为丁类安全建筑；大震作用中均宜鉴定为暂不使用建筑。

11.2 土窑洞和土拱房

11.2.1 北方黄土地区的土窑洞(崖窑)和土拱房(拱窑)，受震后无震损，仅掉灰皮，在预估地震为小震作用或预估烈度不超过Ⅵ度的地震作用中，可鉴定为丁类安全建筑；在预估烈度达Ⅶ度的地震作用中，宜鉴定为暂不使用建筑。

11.2.2 土窑洞受震后，窑洞基本无损，崖体竖向节理发育或有滑坡崩塌可能，宜鉴定为暂不使用建筑；受震后窑洞土体无损，仅掉灰皮，前脸稍有松动，崖体稳定，土质密实，在小震作用中可鉴定为丁类安全建筑。

11.2.3 土拱房受震后，拱侧墙塌落、或前脸外移与拱体脱开、拱顶拱脚出现通长水平裂缝，均宜鉴定为暂不使用建筑。

11.3 土坯墙和夯土墙房屋

11.3.1 土坯墙和夯土墙承重房屋受震后，内外墙体无明显震损，震前原有裂缝无明显扩展，屋盖构件无明显变形，屋面无明显滑动，檐头、山尖和出屋顶小烟囱基本无损，在小震作用中可鉴定为丁类安全建筑；对硬山搁檩土房，在预估烈度不大于Ⅶ度的地震作用中也可鉴定为丁类安全建筑，在预估烈度大于Ⅶ度的地震作用中宜鉴定为暂不使用建筑；对土搁梁房屋，在预估烈度为Ⅶ度的地震作用中宜鉴定为暂不使用建筑。

11.3.2 受震土房的墙体基本无损，檐头、山尖轻微开裂，偶有小块掉落，原有裂缝稍有扩展，屋盖基本无损，檩木在墙顶稍有错动迹象，无明显滑移，檐瓦下滑偶有掉落，小烟囱可有震损，在烈度不大于Ⅶ度的地震中可鉴定为丁类安全建筑。

11.3.3 受震土房的墙体明显开裂，或墙角、檐头大块掉落，或屋盖构件变形、滑移错动，甚或墙体倾斜，屋盖构件个别跌落，均宜鉴定为暂不使用建筑。

11.4 表砖里坯墙和砖柱土坯墙房屋

11.4.1 表砖里坯墙和砖柱土坯墙房屋受震后，无明显震损，在小震作用中可鉴定为丁类安全建筑；在大震作用中，宜鉴定为暂不使用建筑，当砖柱用不低于 M1 砂浆强度砌筑时，在预估烈度不超过Ⅶ度的地震作用中，可鉴定为丁类安全建筑。

11.4.2 表砖里坯墙房屋受震后，表砖部分开裂，局部与土坯分层，甚或个别掉落，均宜鉴定为暂不使用建筑。

11.4.3 砖柱土坯墙房屋受震后，柱头松动，或个别柱断裂，墙柱脱开且稍有倾闪，均宜鉴定为暂不使用建筑。

11.5 石墙承重房屋

11.5.1 用泥砂浆构筑或干码的毛石和块石墙房屋均宜鉴定为暂不使用建筑。

11.5.2 用砂浆强度不低于 M2.5 砌筑的石墙房屋，受震后的现场安全鉴定，可参照第 5 章中的规定进行。

11.5.3 用低标号砂浆砌筑的毛石和块石墙房屋，在受震后墙体基本无损，偶有轻微裂缝或个别石块松动，在小震作用中可鉴定为丁类安全建筑；在受震后墙体无损，在大致等同于既发的地震作用中，可鉴定为丁类安全建筑。鉴定为丁类安全建筑的石房，对楼屋盖震损的限制，参照 5.2.4 和 11.3 的规定。

11.5.4 有垫片和无垫片的料石墙房屋，受震后基本无损，石料之间稍有错动迹象，在小震作用和大致等同于既发的地震作用中，均可鉴定为丁类安全建筑。

附　录　A
（标准的附录）
地震现场建筑物安全鉴定意见表

编号：＿＿＿＿＿＿＿＿＿＿＿＿＿＿＿＿＿＿＿＿

地点：＿＿＿＿＿＿＿＿＿＿＿＿＿＿＿＿＿＿＿＿＿＿＿＿＿＿＿＿＿＿

＿＿＿＿＿＿＿＿＿＿＿＿＿＿＿＿＿＿＿＿＿＿＿＿＿＿＿＿＿＿

房主：＿＿＿＿＿＿＿＿＿＿＿＿＿＿＿＿＿＿＿＿＿＿＿＿＿＿＿＿＿＿

建筑面积：＿＿＿＿＿＿＿＿＿＿＿＿m^2，其中安全建筑＿＿＿＿＿＿＿＿＿＿＿＿m^2

房屋用途：＿＿＿＿＿＿＿＿＿＿＿＿＿＿＿＿＿＿＿＿＿＿＿＿＿＿＿＿

建筑结构：＿＿＿＿＿＿＿＿＿＿＿＿＿＿＿＿＿＿＿＿＿＿＿＿＿＿＿＿

房屋层数：＿＿＿＿＿＿＿＿＿＿＿＿＿＿＿＿＿＿＿＿＿＿＿＿＿＿＿＿

建成年份：＿＿＿＿＿＿＿＿＿＿＿＿＿＿＿＿＿＿＿＿＿＿＿＿＿＿＿＿

震前质量：＿＿＿＿＿＿＿＿＿＿＿＿＿＿＿＿＿＿＿＿＿＿＿＿＿＿＿＿

预期地震作用：（小、大）震作用；（Ⅵ　Ⅶ　Ⅷ　Ⅸ）度

建筑物原抗震设防状况：（A 抗震设防　B 未经抗震设防）；

抗震设防（Ⅵ　Ⅶ　Ⅷ　Ⅸ）度

鉴定结论：（甲　乙　丙　丁）类安全建筑

（整幢　局部）暂不使用建筑

处理意见：＿＿＿＿＿＿＿＿＿＿＿＿＿＿＿＿＿＿＿＿＿＿＿＿＿＿＿＿

＿＿＿＿＿＿＿＿＿＿＿＿＿＿＿＿＿＿＿＿＿＿＿＿＿＿＿＿

说明：＿＿＿＿＿＿＿＿＿＿＿＿＿＿＿＿＿＿＿＿＿＿＿＿＿＿＿＿＿＿

＿＿＿＿＿＿＿＿＿＿＿＿＿＿＿＿＿＿＿＿＿＿＿＿＿＿＿＿＿＿

鉴定人：＿＿＿＿＿＿＿＿＿＿＿＿＿＿＿＿＿＿＿＿＿＿＿＿＿＿＿＿＿

单位：＿＿＿＿＿＿＿＿＿＿＿＿＿＿＿＿＿＿＿＿＿＿＿＿＿＿＿＿＿＿

日期：＿＿＿＿＿＿＿＿＿＿＿＿＿＿＿＿＿＿＿＿

注

1　括号中判定的选择项画圈，不属鉴定结论的以斜线划掉。

2　地震作用、抗震设防状况和结论中的黑体字项必须作选择。

附 录 B
（提示的附录）
地震现场鉴定各类安全建筑的要求简表

<table>
<tr><th rowspan="2">建筑类别</th><th rowspan="2">地震作用</th><th colspan="2">抗震设防水准</th><th colspan="4">建筑物震损现状</th><th rowspan="2">场地、地基和毗邻影响</th></tr>
<tr><th>级别</th><th>烈度</th><th>主体</th><th>非结构构件</th><th>装修装饰</th><th>震前已破损</th></tr>
<tr><td rowspan="2">甲类安全建筑</td><td>小震作用</td><td>A、B级</td><td>均可不要求</td><td colspan="3" rowspan="2">无震损，或有个别损伤点，不影响承载能力，不影响稳定性</td><td rowspan="2">无扩展</td><td rowspan="8">周围场地稳定，无山体崩塌、滑坡、垮岸、液化、水患等危及建筑安全的影响；地基基础稳定，无滑移、不均匀沉降、承载力下降等导致上部结构破损的影响；不受毗邻建筑震损的危害影响</td></tr>
<tr><td>大震作用</td><td>A级</td><td>不低于大震作用的预估烈度</td></tr>
<tr><td rowspan="2">乙类安全建筑</td><td>小震作用</td><td>A、B级</td><td>均可不要求</td><td colspan="2" rowspan="2">无震损或有个别损伤点，不影响承载能力，不影响稳定性</td><td rowspan="2">可有震损，无发生或再发生成片或成块跌落的迹象</td><td rowspan="2">无明显扩展</td></tr>
<tr><td>大震作用</td><td>A级</td><td>不低于大震作用的预估烈度</td></tr>
<tr><td rowspan="2">丙类安全建筑</td><td>小震作用</td><td>A、B级</td><td>均可不要求</td><td rowspan="2">有少量轻度震损，不影响整体和局部稳定性，承载能力可稍有降低</td><td colspan="2" rowspan="2">有震损，在采取紧急措施后，不再有发生倾倒、跌落的迹象</td><td rowspan="4">可有扩展，不危及整体和局部的安全</td></tr>
<tr><td>大震作用</td><td>A级</td><td>不低于大震作用的预估烈度</td></tr>
<tr><td rowspan="2">丁类安全建筑</td><td>小震作用</td><td>A、B级</td><td>均可不要求</td><td rowspan="2">总体可有轻度震损，个别震损可较明显，不影响整体和局部稳定性，个别构件承载能力可有下降，总体可稍有降低</td><td colspan="2" rowspan="2">可有震损，或已震落震倒，在采取紧急措施后，不再有发生倾倒、跌落的迹象</td></tr>
<tr><td>大震作用</td><td>A级</td><td>不低于大震作用的预估烈度</td></tr>
</table>

ICS 91.120.25
P 15

中华人民共和国国家标准

GB/T 18208.3—2000

地震现场工作
第三部分:调查规范

Post-earthquake field works—
Part 3: Code for field survey

2000-10-17 发布 2001-05-01 实施

国家质量技术监督局 发布

前　言

本标准是根据历次大地震现场调查工作的经验制定的，同时参考了《地震现场科学考察指南》(1998)。

本标准是《地震现场工作》系列国家标准中的第三部分。《地震现场工作》系列国家标准包括4部分：

第一部分：基本规定；

第二部分：建筑物安全鉴定；

第三部分：调查规范；

第四部分：灾害损失评估规范。

本标准是以 GB/T 17742 — 1999《中国地震烈度表》为地震烈度的评定依据。

本标准的附录 A 至附录 F 都是标准的附录。

本标准由中国地震局提出并归口。

本标准为首次发布。

本标准起草单位：中国地震局工程力学研究所、中国地震局地球物理研究所、中国地震局地质研究所、民政部救灾救济司。

本标准主要起草人：尹之潜、鄢家全、徐锡伟、陈洪玲、郭恩栋、顾建华、柳春光、孙景江、周本刚、冀萌新。

地震现场工作
第三部分：调查规范

1　范围

本标准规定了地震现场调查内容、调查方法和技术要求，适用于地震现场调查工作。

2　引用标准

下列标准所包含的条文，通过在本标准中引用而构成为本标准的条文。本标准出版时，所示版本均为有效。所有标准都会被修订，使用本标准的各方应探讨使用下列标准最新版本的可能性。

GB/T 17742—1999　中国地震烈度表

3　定义

本标准采用下列定义。

3.1　地震烈度　seismic intensity

地震引起的地面震动及其影响的强弱程度。

3.2　等震线　isoseismal contour

在同一次地震影响下房屋建筑破坏程度和地面受到的影响程度相同地区周界点的连线，它是地震影响场的一种表示方式。

3.3　极震区　meizoseismal area

一次地震破坏或影响最重的区域。

3.4　宏观震中　macroscopic epicentre

极震区的几何中心。

3.5　烈度异常区　intensity anomaly area

在同一烈度区内少量(一般小于30%)高于或低于本烈度的异常烈度区。

3.6　地震宏观异常　seismic macroscopic anomaly

与地震发生有关的生物、气象，自然界的反常现象，如地下流体异常、动植物习性异常、气候异常、地象异常等。

3.7　地下流体异常　subsurface fluid anomaly

钻孔、民井、泉水、油气井等中的地下流体(液体或气体)出现的各种物理、化学动态异常变化现象。

3.8　动植物习性异常　animal and plant behavior anomaly

动、植物一反常态的行为、习性现象。

3.9　气候异常　climatic anomaly

人们直接观察或感受到的气候宏观异常现象。

3.10　地象异常　natural phenomena anomaly

人们观察到的声、光、电、气、火、磁等自然奇异现象。

3.11　发震构造　seismogenic structure

能够产生一定震级地震的、具有明确几何结构形态和物质组成的地质构造。按发震构造的运动学特征或震源力学性质，可划分为正断层、逆断层、走滑断层和盲断层—褶皱等。

3.12 **地震地表破裂带 earthquake surface rupture zone**

地震时震源断层错动在地表留下的痕迹，由一系列性质不同的次级断层、地震鼓包、构造裂缝、地震沟槽等组合而成。

3.13 **砂土液化 sand liquefaction**

在地震动作用下，饱和砂土孔隙水压力升高，其抗剪强度或对剪切变形的抵抗能力降低或完全丧失的现象。

3.14 **地震断层 earthquake fault**

地震时发生破裂或错动形成的断层，它们是先存断层再次粘滑错动在地表的反映，或者是在一定的区域应力场作用下伴随着地震的发生而形成的新生断层。

4 现场地震观测

4.1 观测范围

现场地震观测在5级和5级以上地震的现场进行；近海和边远地区应根据现场具体情况和工作条件确定观测内容和规模。

4.2 观测内容

4.2.1 测定余震分布范围、余震震源参数，编制相应的地震目录。

4.2.2 跟踪震情发展趋势，预测强余震。

4.2.3 观测震源的空间分布特征，研究地震系列的发展过程。

4.2.4 测定强余震的震源物理参数。

4.2.5 测定震源区的介质和应力状态。

4.2.6 宜设专项观测项目

4.2.6.1 布设场地影响观测台阵；观测地形、地貌、不同场地类别和覆盖层厚度对地震动的影响。

4.2.6.2 布设典型建筑地震反应观测台阵，获取结构反应信息。

4.2.6.3 布设烈度异常观测台阵。

4.3 技术要求

4.3.1 用于现场观测的地震仪，应是性能稳定、可靠、一致性好、可比性强的便携式地震仪。

4.3.2 宜使用三分向、宽频带、大动态的数字地震仪或遥测台网。

4.3.3 一般观测台网的台间距应不大于10 km，极震区要有台站，特别是6级以上大地震的极震区，要有三个以上的数字强震仪台站。

4.3.4 对小于6级的地震，台网的台站数宜不少于5个；对于6级地震，台站数应大于10个；对于7级以上的大地震，台站数应大于20个。

4.3.5 应测定台站经纬度和高程；一般情况宜用1∶50 000的地形图标定。有条件时，可利用GPS技术进行标定。

4.3.6 在台站地震仪正式开始记录之前和停止记录时，应分别对其时间服务系统和仪器特性进行标定，并记录在案。

4.3.7 应观察、搜集、记录每个台址的地质、地貌资料；必要时，可进行钻探测试。

4.3.8 应在中心台站配置可视的实时记录与数据处理系统。

4.3.9 应合理设置地震仪的参数。

4.3.10 专项观测台阵和资料分析处理应由专项小组负责。

4.4 编写观测报告

现场调查结束按附录F编写地震现场观测报告。

5 地震烈度调查

5.1 调查范围

地震烈度调查在Ⅴ度及Ⅴ度以上地区进行；低于Ⅴ度地区可用通信调查方式圈定有感范围；农村以自然村为调查单位，城镇以划分的小区为调查单位。

5.2 调查内容

地震烈度调查以房屋破坏程度和空间分布为重点，在低烈度区应包括人的感觉和器物的反应，在高烈度区应注意地面破坏和变形、地下水变化等。

5.2.1 房屋震害调查

房屋震害调查应按房屋建筑类别，将房屋的破坏按附录A1划分五个等级，统计它们的数量和所占总数的比例；并注意调查抗震性能好和差两个极端的房屋震害及建筑材料特殊的房屋的震害。

5.2.2 房屋震害指数调查

在调查房屋震害同时可进行震害指数调查。应先根据房屋破坏等级按附录A1确定房屋的震害指数，再求一个自然村或小区的综合震害指数；按附录A2填写调查表。

5.2.2.1 平均震害指数计算

一个自然村或小区内某一类房屋的平均震害指数按公式(1)计算。

$$\overline{d_i} = \frac{\sum d_{ij} n_{ij}}{\sum n_{ij}} \qquad \cdots\cdots(1)$$

式中：d_{ij}——i类房屋破坏等级为j的震害指数；

n_{ij}——i类房屋破坏等级为j的房屋幢数。

5.2.2.2 综合平均震害指数计算

一个自然村或小区有几种不同结构类型的房屋应以砖混结构为准，把其他类型结构的震害指数折算为砖混结构的震害指数；按公式(2)求出一个自然村或小区的综合平均震害指数，作为评定地震烈度的参考指标。

$$D = \frac{\sum \overline{d_{bi}} N_i}{N} \qquad \cdots\cdots(2)$$

式中：$\overline{d_{bi}}$——第i类房屋平均震害指数折算为砖混房屋震害指数值(下标b指砖混房屋)；

N_i——第i类房屋的幢数；

N——全部统计房屋的幢数。

5.2.3 构筑物、大型工程的震害调查

应重点调查能说明地震烈度强弱程度的工业构筑物、烟囱、大型水利工程和桥梁等工程。

5.2.4 人和器物反应调查

按附录A3填写人和器物反应表，一个自然村被调查的人数不应少于5人。

5.2.5 地面变形和破坏调查

地面变形和破坏调查包括地面变形与影响规模、发生的地质和地形地貌条件，并分析它们的地震烈度划分标志。

5.2.6 烈度异常区调查

调查在同一地震烈度区有少量高或低于本区烈度的分散点，并考虑是否能圈出异常区。

5.3 技术要求

5.3.1 震区房屋分类和调查房屋的破坏等级应按附录A1划分；进入现场前对房屋分类和破坏等级的划分标准应统一认识。

5.3.2 进入现场后应首先核定宏观震中位置，确定震中地震烈度。

5.3.3 调查点在农村以自然村为基本单位；城镇应分成小区调查，小区面积宜为1 km^2左右。在震中

区及地震烈度Ⅷ度以上地区，调查点的密度宜调查到所有自然村；其余地区可采用抽样调查，但不能漏掉乡、镇以上的重要居民点；人口稀少地区宜调查到所有居民点。

5.3.4 评定地震烈度应以 GB/T 17742 为依据，区别建筑类型、场地条件影响，根据现场具体情况，可对不同地震烈度的破坏标准和标志作出具体规定，作为地震烈度的评定依据。在低烈度区，人和器物的反应应为评定地震烈度的重要依据之一。

5.3.5 每一个地震烈度调查点的调查结果填入附录 A4 表内。

5.3.6 调查点的地震烈度经综合评定后，将地震烈度值标明在大比例尺(1:100 000～1:500 000)的底图上；由极震区到外围，按等烈度值的外包线依次画出地震烈度等震线。

5.4 编写调查报告

现场调查结束按附录 F 编写地震烈度调查报告。

6 地震宏观异常现象调查

6.1 调查范围

地震宏观异常现象调查在地震烈度Ⅵ度及Ⅵ度以上地区进行，在Ⅵ度以下的地震烈度区仅做随机抽样调查。

6.2 调查内容

地震烈度Ⅵ度和Ⅵ度以上地区出现的各类宏观异常现象的异常程度、时间序列演化特征和空间分布范围。

6.2.1 地下流体异常现象调查

钻孔、民井、泉水等中的地下水位、流量、水温、水色、水味、透明度等异常变化现象的量值，或翻花、冒泡、出油、打漩等异常现象出现和恢复正常的时间；油气井油气量变化的幅度、规模和持续时间等。

6.2.2 动植物习性异常现象调查

注意鉴别真伪，择其一反常态、难于用其他原因解释，且反应普遍的异常进行调查。

6.2.3 气候异常现象调查

震前、震时或震后反常的烈日、闷热、气压、大风、大雨、大雾、云彩、冰雹等异常值及其持续的时间。

6.2.4 地象异常现象调查

地象异常现象(声、光、电、气、火、磁)出现的准确时间、地点和留下的痕迹等。重点调查通信中断、广播电视信号受干扰等电磁异常。

6.3 技术要求

6.3.1 地震宏观异常现象调查的重点是震前异常，特别是短临前兆异常，重视调查宏观异常现象发生的准确时间。

6.3.2 以最快的速度对震区进行异常现象普查，推荐一批异常突出、干扰较小、信度较高的灵敏点，建立临时性的观测点或观察哨，并定时监测。

6.3.3 对主震发生后新出现的宏观异常现象需尽快地进行调查落实，及时将落实结果通报地震调查现场指挥部。

6.3.4 对可观测到的地震宏观异常现象及其动态演化过程、地象现象留下的痕迹等进行录像和照相，附必要的文字说明。

6.3.5 对地下流体，特别是地下气体异常应采集必要的样品，进行化学成分分析，判定异常成分的来源(深部成因、浅部成因)。

6.3.6 从当地气象、水文、农科等部门收集有关气温、气压、降水量、河流水位、地下水潜水面高低和物理化学的动态变化、动植物生长和发育习性等日变、月变或年变观测数据，量化地下水、气候和动植物习性等异常调查。

6.3.7 按附录B填写《地震宏观异常现象调查表》。

6.3.8 编制地震宏观异常现象分布图(比例尺1:100 000~1:500 000),分析宏观异常现象的时、空分布与地震震级、发震时间、震中位置等三要素之间的相互关系。

6.4 编写调查报告

现场调查结束按附录F编写地震宏观异常现象调查报告。

7 工程结构震害调查

7.1 调查范围

工程结构的震害调查在Ⅵ及Ⅵ度以上地区和低于Ⅵ度区的高异常区进行。

7.2 调查内容

调查各类工程结构在不同烈度区的破坏状态。

7.2.1 房屋震害统计调查

根据地震大小和影响范围确定采取普查或抽样调查;调查时应对震区的房屋按附录A1进行分类;抽样点以自然村或城镇划分的小区为单位,按附录A1划分的破坏等级统计不同等级的数量和比例;按结构类型和地震烈度填入附录C1和附录C2的汇总表内。

7.2.2 典型房屋震害调查

在不同烈度区选出本地区具有代表性的房屋,进行详细调查;调查内容按附录C3或附录C4或附录C5内容填写,并附调查房屋的破坏状态照片。

7.2.3 典型破坏的房屋调查

凡能说明房屋破坏机制的破坏或是本烈度区有代表性的破坏形式,对这种破坏的房屋要做详细调查。调查结果按附录C3或附录C4或附录C5内容填写,并附调查房屋和破坏部位的照片。

7.2.4 构筑物和其他重大工程设施的震害调查

构筑物和重大工程设施一般应逐个调查。

7.2.4.1 冶金企业的高炉、栈桥、化工企业的各种罐、塔、采矿井架、工业和民用烟囱等。

7.2.4.2 核电站、海洋采油平台、大型水坝、大型港口码头、机场、交通枢纽、大型桥梁、水利枢纽、电视塔等工程结构及重要的设备等。

7.2.5 土工、水工结构及地下工程的调查

7.2.5.1 土工结构中的土坝、堤、挡土墙,水工结构中的闸、中小型水坝和扬水站等,并详细记录它们的裂缝走向、宽度、长度和深度;同时注意附近地面的破坏和有无液化及地基滑动发生。

7.2.5.2 地下工程中的矿井、地下商场和人防工程等的破坏,要详细调查裂缝及走向,同时调查地面有无断裂与地下工程有无贯通。

7.2.6 震害与场地土的关系调查

不同场地土上的建筑物震害分布;同一类型的建筑在不同场地土上的震害情况。

7.2.7 场地震害调查

7.2.7.1 液化区的地下水深度、液化土层厚度和液化土类别。

7.2.7.2 震陷区的土层分布情况、震陷量、震陷范围和对工程的影响程度。

7.3 技术要求

7.3.1 工程结构的震害调查可结合现场的地震烈度调查进行或烈度确定以后进行。

7.3.2 调查的抽样点应分布合理,具有代表性;抽样点的建筑应逐个调查。

7.3.3 房屋调查重点观察项目

7.3.3.1 砖混结构墙体裂缝的方向(竖向、横向、斜向);主要发生楼层;预制楼板与现浇楼板在不同烈度区的差异;圈梁与构造柱的作用。

7.3.3.2 单层厂房屋面系统破坏与屋面构造和支撑系统的关系；大型预制板屋面与其他屋面厂房破坏的对比；围护墙破坏与柱的连接情况的关系；牛腿以上小柱和以下大柱破坏形式；砖柱与扶臂柱的破坏形式。

7.3.3.3 木构架结构的榫接处的变化、有无虫蚁和腐朽现象。

7.3.3.4 土坯房屋的墙体破坏形式(平面外倒塌、墙体出现不同方向的裂缝)、墙内木柱或砖柱对墙的影响和大梁移动情况。

7.3.3.5 钢筋混凝土框架结构的梁、柱、节点、填充墙、楼梯、电梯间、楼板、玻璃幕墙、高层与低层毗连部分、屋顶附属结构的破坏情况；梁、柱、节点的配筋情况。

7.3.3.6 钢筋混凝土剪力墙结构、框架剪力墙结构及框筒结构的框架与剪力墙间的连梁、剪力墙体以及7.3.3.5中的有关部位的破坏情况。

7.3.3.7 房屋破坏是地震动引起的，还是因地基不均匀沉陷或液化引起的。

7.3.3.8 对比不同年代建造的房屋的破坏特点与共同点、设防的房屋与未设防的房屋反应与破坏特点；本次地震中房屋破坏的特点和过去地震中少见的破坏现象。

7.3.4 现场调查应拍摄的对象及拍摄要求

7.3.4.1 各类结构不同破坏等级的代表性破坏，应有全景和局部破坏照片；全景照片应能显示结构的总体破坏状态和局部破坏所在位置。

7.3.4.2 代表本次地震震害特点和特殊的破坏现象。

7.3.4.3 同一类结构在不同烈度区的代表破坏状态。

7.3.4.4 地裂缝、震陷、砂土液化和滑坡等场地破坏现象。

7.3.5 拍摄的每张照片应有下列说明：拍摄地点、拍摄对象名称及所属、拍摄日期、拍摄内容简要说明、拍摄地点地震烈度、拍摄者姓名。

7.4 编写调查报告

现场调查结束按附录F编写工程结构震害调查报告。

8 生命线工程震害调查

8.1 调查范围

生命线工程震害调查在Ⅶ度及Ⅶ度以上地区进行，在低于Ⅶ度区仅做随机抽样调查。

8.2 调查内容

调查生命线工程在不同烈度区的破坏状态。

8.2.1 供水系统中的水池和水处理池、供水管道、水塔等。

8.2.2 供气系统中的供气管道、储气罐等。

8.2.3 排水系统中的排水管道、水处理池等。

8.2.4 交通系统中的道路、桥梁、机场、港口码头、涵洞等。

8.2.5 供电系统中的发电设备、各类厂房及附属的建筑工程设施、调度通信以及变电站内的各类电气设备和输电线路等。

8.2.6 通信系统中的与电信通信相关的房屋和构筑物、设备和线路等。房屋和构筑物包括长途通信枢纽楼、邮政枢纽楼、市内电话局、中继站、卫星地面站、无线电发射和接收台站以及无线塔架等；设备包括交换机、载波机、中继设备、微波收发信机、卫星通信设备、天线以及供电设备等；线路指架空明线、地下电缆、光缆和微波通信线路等；数据网络及终端。

8.2.7 信息管理系统的计算机房及有关设备。

8.3 技术要求

8.3.1 生命线工程的破坏状态，应按附录D1中的标准划分破坏等级。

8.3.2 水池和水处理池，应重点查看部位：

a）顶盖板是否有裂缝或塌陷现象；

b）池壁的破坏情况；

c）池壁与顶盖板连接部位、池壁与底板连接部位的震害情况。

每个水池的破坏情况，按附录 D2 的内容填入表内，统计结果按附录 D3 的内容填写。

8.3.3 地下敷设的供水管道，震后现场只能通过寻找漏水点确定破坏的部位，并按附录 D4 和附录 D5 内容填入表内。了解管道的具体破坏情况，需待震后修复时调查。

8.3.4 支架式水塔应重点检查支架及水柜本身的破坏情况；筒式水塔重点应放在支撑结构和水柜上，调查后填写附录 D6。

8.3.5 通过寻找漏气点寻找供气管道的破坏部位，可调节相应部位的阀门按片区或管段逐步判别是否有漏气点；对焊接连续钢质管道，应区分是管段本身的破坏还是焊缝的破坏；对于采用不同接口的管道，应区分是管道本身破坏还是接口部位的破坏；调查后按附录 D4 和附录 D5 填表。

8.3.6 储气罐的震害调查重点应放在支撑构件、导轨或与导轨相连的部位，按附录 D7 和附录 D8 填表。

8.3.7 排水系统震害调查可参见 8.3.2 和 8.3.3。

8.3.8 梁式桥和拱桥应逐个调查，按附录 D9、D10 内容逐项填写，并按附录 D11 内容进行统计。

8.3.9 道路、涵洞震害按附录 D12、D14 内容调查并逐项填写。道路的震害按附录 D13 的内容统计并填表。

8.3.10 发电设备、调度通信及变电站内的各类电气设备和输电线路以及通信系统的交换机、载波机、中继设备、微波收发信机、卫星通信设备、天线、供电设备、架空明线、地下电缆、光缆、微波通信线路等线路通信设施，按附录 D15 的内容逐项调查填写，并分别统计它们的破坏数量，填入附录 D16。

8.4 编写调查报告

现场调查结束按附录 F 编写生命线工程的震害调查报告。

9 社会影响调查

9.1 调查范围

调查的地点应当以受影响最大的地区或城镇为主。

9.2 调查内容

9.2.1 政府反应能力调查

政府决策能力、应付意外事件的能力，防震减灾政策及规划执行情况等。

9.2.2 政府行为调查

救灾工作、灾民生活安置工作、社会秩序恢复工作、医疗救护、物资供应分配等方面的经验和教训。

9.2.3 公众防震减灾意识调查

公众对地震科学的认识和公众防震减灾知识的普及情况等。

9.2.4 公众行为调查

震前行为和震时行为，利他行为和越轨行为等。

9.2.5 其他机构和团体的灾时反应和行为调查

震前社会组织的防震状态、震时和震后社会组织在维护社会稳定和救灾中的作用等。

9.2.6 地震的社会救助调查

地震救灾物资的发放、地震灾民居住、生活需求和安置等。

9.2.7 震后灾区人民的自救调查

自救形式、自救方法等。

9.2.8 地震信息传播的调查

地震知识的传播、公众对地震信息的反应、震后地震信息的传播及传播渠道等。

9.2.9 地震的心理反应调查

震后的情绪反应、关注地震的程度、震后心理创伤等。

9.2.10 地震预报效应调查

对地震预报的理解、地震预报发布的社会效益、地震预报的社会反应和地震预报的传播等。

9.2.11 地震谣言调查

地震谣言的内容、演变、传播和社会影响等。

9.2.12 对未来地震危险认识的调查

对地震预报的可信度、地震谣言的态度、权威机构的认识等。

9.3 技术要求

9.3.1 调查的问题应当有详细记录。

9.3.2 调查抽样方式应当根据当地的人口、经济发展水平、地区的组织与管理结构来确定，也可以采用分层抽样方法。

9.3.3 调查样本的数量应当根据当地人口数量和密度确定，总样本量不小于1 000，调查区域内小区的样本量应当大于30。

9.3.4 调查现场应当至少在同一地点，对同一人群进行两次调查。

9.3.5 调查的组织形式应当保证调查对象总体中的各个单位都有相等的中选机会。

9.3.6 应当对调查资料进行可能性研究，剔除错误的数据。

9.3.7 应当对调查资料进行逻辑性检验。

9.3.8 应当根据资料中变量的层次和研究的理论确定对调查资料的处理和分析方法。

9.4 编写调查报告

现场调查结束按附录F编写地震社会影响调查报告。

10 发震构造调查

10.1 调查范围

发震构造调查在震级6级及6级以上的极震区进行，对极震区以外的地区仅做孕震构造环境的补充性考察。对6级以下破坏性地震的发震构造调查只作发震构造环境分析工作。

10.2 调查内容

发震构造调查包括地震地表破裂带和地震断层的几何学及运动学特征调查、发震构造环境的调查。

10.2.1 地震地表破裂带几何学和运动学特征调查项目：

a）地震地表破裂带几何结构和空间展布；

b）发震断层的运动学性质；

c）断层位移及其空间分布特征；

d）发震断层晚第四纪活动习性；

e）小型地堑、褶皱隆起、挤压性凹陷、地震鼓包、挤压垄脊等各种伴生构造的调查。

10.2.2 发震构造环境调查项目：

a）发震断层运动学性质、产状、规模、分段性、古地震复发模式、平均滑动速率等；

b）结合震源深部构造和近场测震等资料，确定本次地震的发震构造。

10.3 技术要求

10.3.1 对地震地表破裂带进行1:1 000～1:50 000比例尺的条带状地质填图和水平或垂直位移的实测。

10.3.2 对地震地表破裂带的总体形变特征(空间展布、几何结构等)以及反映地震断层运动学性质的构造现象(次级断层的几何组合、标志地质体、地貌面或构造线的位移、各种典型伴生构造等)进行详细地拍照、摄像，并做必要的文字和声象说明。

10.3.3 对地震期间发生位移的标志地质体、地貌面或构造线，应采集必要的年代或标本样品，用便携式 GPS 接收仪测定其经、纬度，标绘在地震地表破裂带条带状地质图上。

10.3.4 野外调查结束之前，应对原始资料做如下核实：

a) 野外记录本的检查：包括观察点、观察现象的描述和图表、样品编号及采样地点等是否清晰准确；

b) 样品整理：确定是否需要补采样品；

c) 重要平面图和剖面图的核查：地震地表破裂带条带状地质图、实测剖面图等是否完整准确。

10.4 编写调查报告

现场调查结束按附录 F 编写发震构造调查报告。

11 地震地质灾害调查

11.1 调查范围

地震地质灾害的调查在地震烈度Ⅵ度及Ⅵ度以上地区配合地震烈度调查同时进行。

11.2 调查内容

11.2.1 调查震区出现的地裂、滑坡、堰塞、震陷、崩塌、砂土液化等地震地质灾害。

11.2.2 调查各类地震地质灾害的形态、大小及其空间展布等特征。

11.3 技术要求

11.3.1 地震地质灾害调查的重点是地震引起的原生灾害。

11.3.2 地震地质灾害的实地调查从极震区开始，放射状地向四周展开。调查过程中需区分本次地震造成的地震地质灾害和历史地震地质灾害以及历史地震造成的地面破坏的再破坏现象。

11.3.3 编制地震地质灾害分布图(图件比例尺 1:10 000～1:200 000)以及说明本次地震地震构造特征的相关图件。

11.3.4 对重要的地震地质灾害现象按附录 E 填写地面变形调查表。

11.4 编写调查报告

现场调查结束按附录 F 编写地震地质灾害调查报告。

附 录 A1
（标准的附录）
房屋建筑分类及破坏等级划分

A1.1 房屋建筑分类

a）高层钢筋混凝土框筒和筒中筒结构；
b）高层钢筋混凝土剪力墙结构；
c）高层钢筋混凝土框架剪力墙结构；
d）多层和高层钢筋混凝土框架结构；
e）多层砖混结构；
f）多层内框架结构；
g）多层砖木结构；
h）多层空斗墙砖结构；
i）单层钢筋混凝土厂房；
j）单层砖结构厂房；
k）单层钢结构厂房；
l）空旷房屋；
m）砖木平房；
n）砖混平房；
o）木构架房屋；
p）土坯房屋；
q）土坯窑洞；
r）黄土崖土窑洞；
s）碎石、片石砌筑房屋。

A1.2 房屋破坏等级划分标准及震害指数标准值

a）基本完好：建筑物承重和非承重构件完好，或个别非承重构件轻微损坏，不加修理可继续使用。对应的震害指数的计算用标准值为 $D_1=0$，上下限为 $0\leqslant D_1<0.1$。
b）轻微破坏：个别承重构件出现可见裂缝，非承重构件有明显裂缝，不需要修理或稍加修理即可继续使用。对应的震害指数的计算用标准值为 $D_2=0.2$，上下限为 $0.1\leqslant D_2<0.3$。
c）中等破坏：多数承重构件出现轻微裂缝，部分有明显裂缝，个别非承重构件破坏严重，需要一般修理。对应的震害指数的计算用标准值为 $D_3=0.4$，上下限为 $0.3\leqslant D_3<0.55$。
d）严重破坏：多数承重构件破坏较严重，或有局部倒塌，需要大修，个别建筑修复困难。对应的震害指数的计算用标准值为 $D_4=0.7$，上下限为 $0.55\leqslant D_4<0.85$。
e）毁坏：多数承重构件严重破坏，结构濒于崩溃或已倒毁，已无修复可能。对应的震害指数的计算用标准值为 $D_5=1.0$，上下限为 $0.85\leqslant D_5\leqslant 1.0$。

附　录　A2
（标准的附录）
房屋震害指数调查表

自然村或小区		地址		
编号	单位或住户	设防烈度	破坏情况	震害指数 D
综合震害指数				
评定烈度				
调查人		日期	年　　月　　日	

附　录　A3
（标准的附录）
地震时人的感觉和器物反应现场调查表

<table>
<tr><td colspan="2">调查人姓名</td><td></td><td colspan="2">调查时间</td><td colspan="2"></td><td colspan="2">调查点烈度</td><td colspan="2"></td></tr>
<tr><td>被调查人</td><td>姓名</td><td></td><td>年龄</td><td></td><td>职业</td><td></td><td>学历</td><td></td><td>震时所在地</td><td></td></tr>
<tr><td colspan="2" rowspan="2">人的感觉</td><td colspan="2">晃动</td><td colspan="7">强烈、中等、微弱、无感觉</td></tr>
<tr><td colspan="2">抛起</td><td colspan="7">强烈、中等、微弱、无感觉</td></tr>
<tr><td colspan="2" rowspan="6">器物反应</td><td colspan="2">抛起物</td><td colspan="7">砖石块、茶杯、水壶、小家具等物件</td></tr>
<tr><td colspan="2">抛离距离</td><td colspan="7">______m</td></tr>
<tr><td colspan="2">搁置物滚落</td><td colspan="7">少量、部分、多数、全部（花盆、瓶罐、花瓶、书籍等）</td></tr>
<tr><td colspan="2">悬挂物</td><td colspan="7">电灯摆动，墙上挂画、乐器、小型家具掉下来</td></tr>
<tr><td colspan="2">家具声响</td><td colspan="7">轻微、较响、剧烈</td></tr>
<tr><td colspan="2">家具倾倒</td><td colspan="7">原地倾倒、移动______m、滚动______m</td></tr>
<tr><td colspan="2" rowspan="2">地声</td><td colspan="2">响声大小</td><td colspan="7">强烈、中等、微弱、无地声</td></tr>
<tr><td colspan="2">方向</td><td colspan="7">东、南、西、北、东南、西北、西南、东北</td></tr>
<tr><td colspan="2">被调查人震时所在位置</td><td colspan="9">在室内（第______层楼）、在室外</td></tr>
</table>

附　录　A4
(标准的附录)
地震烈度调查表

<table>
<tr><td>地震地点</td><td colspan="2"></td><td>震级</td><td></td><td>时间</td><td></td></tr>
<tr><td>总　　号</td><td></td><td>编号</td><td></td><td>调查地点</td><td colspan="2"></td></tr>
<tr><td>资料来源</td><td colspan="4"></td><td>被调查人</td><td></td></tr>
<tr><td>场地条件</td><td colspan="6"></td></tr>
<tr><td>房屋破坏情况</td><td colspan="6"></td></tr>
<tr><td>人、物反应</td><td colspan="6"></td></tr>
<tr><td>其他工程结构破坏情况</td><td colspan="6"></td></tr>
<tr><td>地面破坏情况</td><td colspan="6"></td></tr>
<tr><td>宏观异常现象</td><td colspan="6"></td></tr>
<tr><td rowspan="2">烈度评定</td><td>小组意见</td><td colspan="3"></td><td>调查时间</td><td></td></tr>
<tr><td>调查队意见</td><td colspan="3"></td><td>调查人</td><td></td></tr>
<tr><td>填表人</td><td></td><td>日　期</td><td colspan="4">年　　月　　日</td></tr>
</table>

填表说明:

1. 每调查一个居民点填写此表一张。照片用同样大小的纸贴好与表装钉在一起。
2. “编号”指小组编号,“总号”指各小组汇总后统一编号。
3. 场地条件栏指调查点所在地的地层岩性、地貌、土质条件、地下水等情况。
4. 房屋破坏情况栏,应对房屋进行分类,填入调查房屋数量,五种破坏等级各占比例。对典型房屋的震害应进行详细描述和拍照。
5. 人、物反应栏,填写地震时人的感觉程度及占人数比例,人员伤亡等情况。器物反应要写明现象及发生数量。
6. 其他工程结构破坏情况栏,填写房屋以外的其他工程结构的破坏情况、数量及所占比例。

附 录 B
（标准的附录）
地震宏观异常现象调查表

<table>
<tr><td>地震地点</td><td></td><td>震级</td><td></td><td>调查地点</td><td></td><td>时间</td><td></td></tr>
<tr><td>总　　号</td><td></td><td>编号</td><td></td><td>调查点烈度</td><td></td><td>被调查人</td><td></td></tr>
<tr><td>异常种类</td><td colspan="7">（1）地下水；（2）动植物习性；（3）各种物理化学现象；（4）其他</td></tr>
<tr><td>被调查者情况</td><td colspan="7">（包括姓名、性别、年龄、文化程度、职业等）</td></tr>
<tr><td>异常现象描述</td><td colspan="7"></td></tr>
<tr><td>调查落实情况</td><td colspan="7"></td></tr>
<tr><td>异常原因初步分析</td><td colspan="7"></td></tr>
<tr><td>异常可信度</td><td colspan="7"></td></tr>
<tr><td>填表人</td><td></td><td>日期</td><td colspan="5">年　　月　　日</td></tr>
</table>

填表说明：

1. 每个调查点的每一类宏观异常现象填1张表。若某个点存在多种异常则分别填写，附相应的照片和录像资料。
2. “被调查者”栏，若人数较多，仅填写其中2～3名被调查者。
3. 有关“地下流体异常现象”、“动植物习性异常现象”、“气候异常现象”、“地象异常现象”等方面的内容填写“异常现象描述”栏。
4. 对有形迹或留下痕迹的异常现象，应尽量到现场落实，进行简单的现场测试和取样（水样、土样、气样）送实验室进行化学成分测定，填写在“调查落实情况”栏，实验室化学测定结果应作详细记录，并附在调查表后。
5. “异常原因初步分析”栏，要求调查者对了解到的异常现象产生原因进行分析，对是否与地震有关做出初步判断，以供分析预报组织参考。
6. 凡能到现场落实的异常现象，在“异常可信度栏”填写1，其他异常可信度根据被调查者情况在0～1之间选取。

附 录 C1
（标准的附录）
抽样点各类房屋破坏汇总表（按面积或幢数）

结构类型		地震烈度		统计单位，幢或 m^2	

序号	抽样点名称（镇、村或街道）	基本完好	轻微破坏	中等破坏	严重破坏	毁坏
1						
2						
3						
4						
5						
6						
7						
合计						

填表人		复核人		日期	年 月 日

附 录 C2
（标准的附录）
各类房屋破坏比汇总表

结构类型		统计单位 幢或 m^2	

地震烈度	基本完好	轻微破坏	中等破坏	严重破坏	毁坏

填表人		复核人		日期	年 月 日

附 录 C3
(标准的附录)
典型房屋及典型破坏房屋调查表(砖结构)

<table>
<tr><td colspan="2">房屋名称</td><td colspan="3"></td><td colspan="2">房屋地址</td><td colspan="4"></td></tr>
<tr><td>地震烈度</td><td>设防烈度</td><td>建造年代</td><td>内墙厚</td><td>外墙厚</td><td>砂浆强度等级</td><td>层数</td><td>施工质量</td><td>破坏等级</td><td>场地条件</td><td>建筑等级</td></tr>
<tr><td></td><td></td><td></td><td></td><td></td><td></td><td></td><td></td><td></td><td></td><td></td></tr>
<tr><td colspan="2">破坏情况描述</td><td colspan="9"></td></tr>
<tr><td colspan="5">平面简图(注明尺寸)</td><td colspan="6">剖面简图(注明尺寸)</td></tr>
<tr><td colspan="5"></td><td colspan="6"></td></tr>
<tr><td>填表人</td><td colspan="4"></td><td>日期</td><td colspan="5">年 月 日</td></tr>
</table>

附 录 C4
(标准的附录)
典型房屋及典型破坏房屋调查表(单层厂房)

<table>
<tr><td colspan="2">房屋名称</td><td colspan="3"></td><td colspan="2">房屋地址</td><td colspan="3"></td></tr>
<tr><td>地震烈度</td><td>设防烈度</td><td>建造年代</td><td>柱高</td><td>屋面类型</td><td>屋面系统支撑情况</td><td>柱的混凝土强度等级或砂浆等级</td><td>破坏等级</td><td>场地条件</td><td>建筑等级</td></tr>
<tr><td></td><td></td><td></td><td></td><td></td><td></td><td></td><td></td><td></td><td></td></tr>
<tr><td colspan="2">破坏情况描述</td><td colspan="8"></td></tr>
<tr><td colspan="5">平面简图
(注明柱断面尺寸和跨度柱距尺寸)</td><td colspan="5">部面简图
(注明大柱、小柱尺寸、屋架形式)</td></tr>
<tr><td colspan="2">填表人</td><td colspan="3"></td><td colspan="2">日期</td><td colspan="3">年 月 日</td></tr>
</table>

附 录 C5
(标准的附录)
典型房屋及典型破坏房屋调查表(混凝土结构)

<table>
<tr><td colspan="2">房屋名称</td><td colspan="3"></td><td colspan="2">房屋地址</td><td colspan="3"></td></tr>
<tr><td>地震烈度</td><td>设防烈度</td><td>建造年代</td><td>设计单位</td><td>混凝土强度</td><td>场地条件</td><td>地下室层数及结构形式</td><td>地上层数及高度</td><td>建筑等级</td></tr>
<tr><td></td><td></td><td></td><td></td><td></td><td></td><td></td><td></td><td></td></tr>
<tr><td colspan="5">地基情况</td><td colspan="4">结构形式(画√或说明)</td></tr>
<tr><td colspan="5"></td><td colspan="4">(1) 框架
(2) 框架 — 剪力墙
(3) 剪力墙
(4) 框筒、筒中筒
(5) 其他(说明结构形式)</td></tr>
<tr><td rowspan="3">破坏情况</td><td colspan="2">结构构件</td><td colspan="6"></td></tr>
<tr><td colspan="2">非结构构件</td><td colspan="6"></td></tr>
<tr><td colspan="2">其他(包括装修等)</td><td colspan="6"></td></tr>
<tr><td colspan="9">附结构设计或施工图纸</td></tr>
<tr><td colspan="2">填表人</td><td colspan="3"></td><td colspan="1">日期</td><td colspan="3">年 月 日</td></tr>
</table>

附 录 D1
（标准的附录）
生命线工程破坏等级划分

D1.1 水池和水处理池破坏等级划分为：

a）基本完好：基本无震害，或个别构件有可见裂缝。
b）轻微破坏：个别构件出现轻微倾斜或开裂，池壁已出现轻微渗漏。
c）中等破坏：部分构件发生倾斜、下沉或开裂，池壁渗水严重。
d）严重破坏：多数构件发生严重倾斜或开裂，局部有坍塌现象，池壁喷水。
e）毁坏：池壁决口、倾倒，支柱折断、顶盖塌落。

D1.2 供水和排水管道破坏等级划分为：

a）基本完好：管道无变形或只有轻度变形，无渗漏发生。
b）中等破坏：管道发生较大变形或屈曲，有轻度破裂或接口拉脱，出现渗漏。
c）严重破坏：管道破裂或接口拉脱，大量渗漏。

D1.3 水塔破坏等级划分为：

a）基本完好：无明显震害。
b）轻微破坏：筒式水塔在门、窗角处出现裂缝，筒身无贯通缝，支架式水塔的支架结构有可见裂缝或变形。
c）中等破坏：筒式水塔的筒身有水平裂缝出现，门、窗角处的裂缝相互贯通，无明显错位发生，支架式水塔的支架结构出现明显裂缝或变形。
d）严重破坏：筒式水塔的筒身出现多道环向裂缝，环缝间砌体错位，或筒身局部倒塌；支架式水塔的支架结构发生较大变形或屈曲，或水柜保温层脱落。
e）毁坏：支架或支筒倒塌，水柜落地。

D1.4 供气管道破坏等级划分为：

a）基本完好：管道无破损，或只发生轻微变形。
b）中等破坏：管道发生明显变形或屈曲，但无破裂、漏气现象。
c）严重破坏：管道破裂、漏气严重。

D1.5 储气罐破坏等级划分为：

a）基本完好：罐体本身无破损，支承构件完好或有细微裂缝或变形。
b）中等破坏：支承结构已有明显变形或裂缝，罐体本身局部发生轻微变形或屈曲。
c）严重破坏：支承构件倒塌或失稳，罐体破裂、漏气。

D1.6 梁式桥破坏等级划分为：

a）基本完好：只有个别构件轻微损坏，其他构件无损，可正常通行。
b）轻微破坏：部分构件轻微破坏，个别构件可能出现中等破坏。例如：桥头路堤沉降量在 5 cm～50 cm 之间，桥台和桥墩的水平位移在 1 cm～5 cm 之间，桥台沉降量小于 10 cm，支座和基础只有微损。轻微破坏对结构承载力无明显影响，但要求通过车辆慢行，小修后可恢复正常通行。

c）中等破坏：部分构件中等破坏，个别构件可能有严重破坏。例如：桥头路堤沉降量在 50 cm ~ 100 cm 之间，桥台和桥墩的沉降量在 5 cm ~ 10 cm 之间，桥台水平位移在 10 cm ~ 20 cm 之间，桥墩水平位移小于 10 cm，混凝土明显开裂，支座与梁连接的螺栓有小部分被剪坏，主梁纵向或横向变位，基础可能轻微破坏，桥的承载力降低，能迅速恢复通车，但要限制通车（限速，限载）。要恢复正常通车需花较长时间。

d）严重破坏：主要承重构件严重破坏。例如，桥头路堤沉降量大于 100 cm，桥台和桥墩的沉降量大于 20 cm，水平位移为 20 cm ~ 50 cm，混凝土断裂，桥墩严重倾斜，梁与支座的连接螺栓大部分被剪断，基础破坏较重。需进行大修或改建后方能继续通车。

e）毁坏：桥梁的主要承重构件严重破坏或毁坏。例如：桥头路堤沉降量大于 100 cm，桥台和桥墩沉降量大于 20 cm，桥墩水平位移大于 20 cm 严重倾斜或折断，支座与梁的连接破坏，梁从支座上落下，基础破坏并倾斜。桥梁不能使用，需大修或重建后才能通车。

D1.7 拱桥的破坏等级划分为：

a）基本完好：承重结构完好，非承重结构基本完好。

b）轻微破坏：承重结构完好或只出现允许的裂缝，结构承载力无明显影响，非承重结构有损坏，如：腹拱有微裂缝，拱身微裂，拱腹与拱波联系处松脱，可照常使用。

c）中等破坏：主要承重结构遭受损伤或局部损坏，附属结构破坏较重，拱上结构出现较大裂缝，拱腹可能出现错位、开裂，拱肋、拱波龟裂，拱圈部位出现小裂缝，桥梁承载力降低，经补强，修复后可正常使用。

d）严重破坏：主要承重结构严重破坏，拱圈严重开裂，拱轴线明显变形，结构承载力极大地降低，处于危险状态，需大修或改建后才能继续通车。

e）毁坏：拱倒、落拱等，拱桥不能使用，重建后才能通行。

D1.8 道路的破坏等级划分为：

a）基本完好：无破坏的路段和设施，可通行。

b）轻微破坏：路肩、挡土墙、垒面有明显裂缝，造成一定的行车障碍，仍可通行。

c）中等破坏：道路有小的不均匀塌陷，斜坡崩坏，石头滚落，但可以通行，谨慎行车。

d）严重破坏：道路有大的不均匀塌陷，较大裂缝，隆起，通行困难，限制通行。

e）极重破坏：路面断裂、隆起塌陷严重，已无法行车。

D1.9 供电设施破坏等级划分为：

a）基本完好：供电设施的事故能及时排除，继续正常供电。

b）轻微破坏：有一般性故障，需稍经修复才可恢复供电。

c）中等破坏：有严重性故障，经多方努力才能恢复供电。

d）严重破坏：供电处于瘫痪状态，需要较长时间才能恢复供电。

D1.10 通信设施破坏等级划分为：

a）基本完好：通信设施的事故能及时排除，恢复正常工作。

b）轻微破坏：有一般性故障，需稍经修复才能恢复通信。

c）中等破坏：有严重性故障，需经多方努力才能恢复通信。

d）严重破坏：通信处于瘫痪状态，需要较长时间才能恢复通信。

附　录　D2
（标准的附录）
水池或水处理池调查表

所属单位				地址			
序号		水池名称		结构形式		竣工时间	
设防烈度		场地类别		地震烈度		破坏等级	
主要破坏现象描述							
调查人		日期		审核人		日期	

附　录　D3
（标准的附录）
水池破坏调查汇总表

结构类型			场地类别				
地震烈度	基本完好	轻微破坏	中等破坏	严重破坏	毁坏	合计	
合计							
填表人		日期		审核人		日期	

附 录 D4
（标准的附录）
管道调查表

所属单位				地址			
序号		管段名称		管材		管径	
埋深		接口形式		场地条件		地震烈度	
管内压力				破坏等级			
主要破坏现象描述							
调查人		日期		审核人		日期	

附 录 D5
（标准的附录）
管道破坏调查汇总表

序号	管材	接口形式	场地条件	地震烈度	管径	管段总长 km	破坏处数	破坏率 处/km
1								
2								
3								
4								
5								
合计								
填表人		日期		审核人		日期		

附 录 D6
（标准的附录）
水塔调查表

<table>
<tr><td>所属单位</td><td colspan="3"></td><td>地址</td><td colspan="3"></td></tr>
<tr><td>序号</td><td></td><td>水塔名称</td><td></td><td>结构形式</td><td></td><td>高度</td><td></td></tr>
<tr><td>容量</td><td></td><td>场地类别</td><td></td><td>地震烈度</td><td></td><td>破坏等级</td><td></td></tr>
<tr><td colspan="8">主要破坏现象描述</td></tr>
<tr><td colspan="8"></td></tr>
<tr><td>调查人</td><td></td><td>日期</td><td></td><td>审核人</td><td></td><td>日期</td><td></td></tr>
</table>

附 录 D7
（标准的附录）
储气罐调查表

<table>
<tr><td>所属单位</td><td colspan="3"></td><td>地址</td><td colspan="3"></td></tr>
<tr><td>序号</td><td></td><td>储罐名称</td><td></td><td>类型</td><td></td><td>容量</td><td></td></tr>
<tr><td>场地类别</td><td colspan="2"></td><td>地震烈度</td><td colspan="2"></td><td>破坏等级</td><td></td></tr>
<tr><td colspan="8">主要破坏现象描述</td></tr>
<tr><td colspan="8"></td></tr>
<tr><td>调查人</td><td></td><td>日期</td><td></td><td>审核人</td><td></td><td>日期</td><td></td></tr>
</table>

附 录 D8
(标准的附录)
储气罐破坏调查汇总表

<table>
<tr><td colspan="2">储罐类型</td><td colspan="3"></td><td colspan="2">场地类别</td><td colspan="3"></td></tr>
<tr><td>烈度</td><td colspan="2">基本完好</td><td colspan="2">中等破坏</td><td colspan="3">毁坏</td><td colspan="2">合计</td></tr>
<tr><td></td><td colspan="2"></td><td colspan="2"></td><td colspan="3"></td><td colspan="2"></td></tr>
<tr><td></td><td colspan="2"></td><td colspan="2"></td><td colspan="3"></td><td colspan="2"></td></tr>
<tr><td></td><td colspan="2"></td><td colspan="2"></td><td colspan="3"></td><td colspan="2"></td></tr>
<tr><td></td><td colspan="2"></td><td colspan="2"></td><td colspan="3"></td><td colspan="2"></td></tr>
<tr><td>合计</td><td colspan="2"></td><td colspan="2"></td><td colspan="3"></td><td colspan="2"></td></tr>
<tr><td>调查人</td><td></td><td>日期</td><td></td><td>审核人</td><td></td><td>日期</td><td></td><td colspan="2"></td></tr>
</table>

附 录 D9
(标准的附录)
梁式桥调查表

<table>
<tr><td rowspan="2">编号</td><td rowspan="2">桥名</td><td rowspan="2">桥址</td><td rowspan="2">河名</td><td colspan="2">结构</td><td rowspan="2">地基基础</td><td rowspan="2">地震烈度</td><td rowspan="2">破坏等级</td></tr>
<tr><td>上部</td><td>下部</td></tr>
<tr><td></td><td></td><td></td><td></td><td></td><td></td><td></td><td></td><td></td></tr>
<tr><td colspan="9">主要结构及破坏现象描述:</td></tr>
<tr><td>调查人</td><td></td><td>日期</td><td></td><td>审核人</td><td></td><td>日期</td><td colspan="2"></td></tr>
</table>

附 录 D10
（标准的附录）
拱桥调查表

<table>
<tr><td>编号</td><td>桥名</td><td>桥址</td><td>河名</td><td>结构尺寸</td><td>地基基础</td><td>地震烈度</td><td>破坏等级</td></tr>
<tr><td></td><td></td><td></td><td></td><td></td><td></td><td></td><td></td></tr>
<tr><td colspan="8">主要结构及破坏现象描述：</td></tr>
<tr><td>调查人</td><td></td><td>日期</td><td></td><td>审核人</td><td></td><td>日期</td><td></td></tr>
</table>

附 录 D11
（标准的附录）
桥梁破坏调查汇总表

<table>
<tr><td>结构类型</td><td colspan="3"></td><td>场地类别</td><td colspan="3"></td></tr>
<tr><td>地震烈度</td><td>基本完好</td><td>轻微破坏</td><td>中等破坏</td><td>严重破坏</td><td>毁坏</td><td colspan="2">合计</td></tr>
<tr><td></td><td></td><td></td><td></td><td></td><td></td><td colspan="2"></td></tr>
<tr><td></td><td></td><td></td><td></td><td></td><td></td><td colspan="2"></td></tr>
<tr><td></td><td></td><td></td><td></td><td></td><td></td><td colspan="2"></td></tr>
<tr><td></td><td></td><td></td><td></td><td></td><td></td><td colspan="2"></td></tr>
<tr><td></td><td></td><td></td><td></td><td></td><td></td><td colspan="2"></td></tr>
<tr><td>合计</td><td></td><td></td><td></td><td></td><td></td><td colspan="2"></td></tr>
<tr><td>调查人</td><td></td><td>日期</td><td></td><td>审核人</td><td></td><td>日期</td><td></td></tr>
</table>

附 录 D12
(标准的附录)
道路调查表

编号	道路名称	地震烈度	路长 km	破坏处	裂缝宽	破坏率 处/km	破坏等级
路面材料及主要破坏现象描述:							
调查人		日期		审核人		日期	

附 录 D13
(标准的附录)
道路破坏调查汇总表

序号	道路名称	路面材料	场地条件	地震烈度	路宽	路长 km	破坏处数	破坏率 处/km
1								
2								
3								
4								
5								
6								
7								
合计								
调查人		日期		审核人		日期		

附 录 D14
（标准的附录）
涵洞调查表

编号	涵洞名称	地震烈度	建造年代	涵洞尺寸	破坏等级
主要破坏现象描述：					

调查人		日期		审核人		日期	

附 录 D15
（标准的附录）
设施（供电、通信）调查表

类别 设施名称	单位名称	地址	地震烈度	设施总量	破坏等级				震害描述
					完好	轻微	中等	严重	

调查人		日期		审核人		日期	

附 录 D16
（标准的附录）
设施（供电、通信）破坏调查汇总表

序号	名称	地震烈度	设施总量	破坏等级			
				完好	轻微	中等	严重
1							
2							
3							
4							
5							
6							
7							
填表人		日期		审核人		日期	

附 录 E
（标准的附录）
地面变形调查表

地震地点			震级		时间	
总 号		编号		调查地点		
资料来源					被调查人	
调查点地形地物位置						
地面变形特征						
岩性构造条件						
地形条件						
水文地质条件						
变形机制分析						
平面及剖面示意图						
烈度评定初步意见					调查时间	
烈度评定综合评定					调查人单位	
					调查人姓名	
填表人		日 期	年 月 日			

附 录 F
（标准的附录）
地震现场调查报告内容

F1 地震基本参数及震区概况

a）地震发生时间、震中位置(经纬度)、震级、震中烈度及震源深度;

b）受到本次地震影响的省、县、市及人口数;

c）震区主要产业、本次地震伤亡人数。

F2 现场地震观测

a）台网布设、仪器性能及主要参数;

b）观测内容及数据处理方法;

c）地震目录及综合分析。

F3 地震烈度调查

a）各级烈度的划分原则及主要破坏特征;

b）房屋震害指数与烈度的关系;

c）宏观震中、地震烈度调查点分布图、地震烈度等震线图(比例尺取1∶100 000～1∶500 000为宜);

d）烈度异常区。

F4 地震宏观异常现象调查

a）动植物习性异常现象;

b）地下流体异常现象;

c）气候、地象及其他异常现象;

d）附件：必要的图件、照片、摄像带及说明。

F5 工程结构震害调查

a）震区各类工程结构的概况，本次地震的破坏特点;

b）各类房屋在不同烈度区的不同破坏程度比例;

c）典型破坏分析、构筑物及重大工程的破坏情况;

d）场地破坏及其对工程结构震害的影响;

e）附件：照片及摄像带及其说明。

F6 生命线工程震害调查

a）震区生命线工程的概况及其地震的破坏对生活、生产的影响;

b）本次地震生命线工程的破坏特点及调查主要结果;

c）综合分析本地区生命线工程的薄弱环节及造成破坏的主要因素;

d）附件：必要的图件、照片及其说明。

F7 地震社会影响调查

a）调查对象、范围及调查方法与内容；
b）调查的组织形式、抽样数量及调查的准确性和误差分析；
c）结论与建议。

F8 发震构造调查

a）区域地震构造环境简述；
b）地震构造变形的几何结构和展布特征（附1:1 000～1:50 000比例尺条带状实地填图）；
c）位移分布特征；
d）震区断层活动历史及长期活动习性；
e）深部构造特征及深浅构造活动相关分析；
f）发震断层的活动习性、最大潜在地震的判定和大地震的重复模型；
g）附件：各种比例尺的平面和剖面图、照片、摄像带及其说明。

F9 地震地质灾害调查

a）地震地质环境概况；
b）震区历史地震地质灾害基本特征；
c）本次地震地质灾害特征（附1:10 000～1:200 000灾害分布图）；
e）本次地震地质灾害成因分析及间接地质灾害的可能类型及其危害性预测；
e）附件：不同比例尺的平面图、剖面图和照片、摄像带及说明。

ICS 91.120.25
P 15

中华人民共和国国家标准

GB/T 18208.4—2005

地震现场工作
第4部分:灾害直接损失评估

Post-earthquake field works—
Part 4: Assessment of direct loss

2005-03-28 发布　　2005-10-01 实施

中华人民共和国国家质量监督检验检疫总局
中国国家标准化管理委员会　发布

前　言

本部分依据中国地震局现行《地震灾害损失评估规定》(1997)和《地震灾害损失评估补充规定》(1999)，吸收该规定实施以来所积累的实践经验，并参考《震害调查及震害损失评定工作指南》(1993)和《地震现场工作大纲和技术指南》(1998)制定的。

《地震现场工作》国家标准包括以下部分：

第1部分：基本规定；

第2部分：建筑物安全鉴定(GB 18208.2 — 2001)；

第3部分：调查规范(GB/T 18208.3 — 2000)；

第4部分：灾害直接损失评估(CB/T 18208.4 — 2005)。

本部分是第4部分：灾害直接损失评估。

本部分的附录A、附录B、附录C、附录D、附录E、附录F、附录G、附录H、附录I、附录J、附录K、附录L、附录M为规范性附录，附录N为资料性附录。

本部分由中国地震局提出。

本部分由全国地震标准化技术委员会(SAC/TC 225)归口。

本部分起草单位：中国地震局工程力学研究所、新疆维吾尔自治区地震局。

本部分主要起草人：袁一凡、苗崇刚、宋立军、郭恩栋、林均岐、张令心。

地震现场工作
第4部分：灾害直接损失评估

1 范围

本部分规定了地震灾害直接损失评估的内容、工作程序、方法和报告内容。

本部分适用于在地震现场统计人员伤亡，评估地震造成的直接经济损失和统计地震救灾投入。

2 规范性引用文件

下列文件中的条款通过在本部分中引用而成为本部分的条文。凡是注日期的引用文件，其随后所有的修改单(不包括勘误的内容)或修订版均不适用本部分，然而，鼓励根据本部分达成协议的各方研究是否可使用这些文件的新版本。凡是不注日期的引用文件，其最新版本适用于本部分。

GB 17740—1999 地震震级的规定

GB/T 18208.3—2000 地震现场工作 第3部分：调查规范

3 术语和定义

下列术语和定义适用于本部分。

3.1

地震灾害直接损失 earthquake-caused direct loss

地震灾害造成的人员伤亡、地震造成物质破坏的经济损失以及救灾投入费用。

3.2

地震直接经济损失 earthquake-caused direct economic loss

地震动及地震地质灾害、地震次生灾害造成的房屋和其他工程结构、设施、设备、物品等物质破坏造成的经济损失。

3.3

重置费用 replacement cost

基于当前价格，修复被破坏的房屋和其他工程结构、设施、设备、物品，恢复到震前同样规模和标准所需费用。

3.4

地震救灾投入费用 cost for earthquake disaster relief

地震救灾投入的各种费用，包括人工、物资、运输、医疗药品、消毒防疫、埋葬、废墟清理及人员搬迁暂住等费用。

3.5

地震灾区 earthquake stricken area

地震发生后，人民生命财产遭受损失、经济建设遭到破坏的地区。

[GB/T 18207.1—2000 中的定义 3.5.2]

3.6

地震极灾区 extreme earthquake disaster area

遭受地震灾害直接损失最严重的区域，不包括对社会经济无直接影响的地震地质灾害地区。

3.7

地震失去住所人数　number of homeless caused by earthquake

因地震失去住所而在室外避难人数。

3.8

房屋破坏比　damage ratio of buildings

不同破坏等级的房屋破坏建筑面积与总建筑面积之比。

3.9

损失比　loss ratio

不同破坏等级的房屋或工程结构修复所需单价与重置单价之比。

3.10

续发地震损失评估　loss assessment of consequent earthquake

针对相同区域震群型的后续地震或强余震造成损失进行的灾害损失评估。

4　地震灾害损失调查

4.1　地震灾区调查

4.1.1　确定地震极灾区位置及地震灾区范围，可通过地震台网测定参数、电话查询收集震害、航空照片识别、实地调查了解等方法进行综合判定。

4.1.2　在地震灾区调查，应收集以下基础资料：

——城镇村庄分布；

——村镇人口及分布；

——房屋类型；

——各类房屋总建筑面积；

——人均或户均住宅建筑面积；

——各类房屋建造单价；

——生命线系统构成；

——其他工程设施的规模和分布；

——灾区经济及支柱产业；

——其他灾区特性资料(自然环境、民族构成等)。

4.2　房屋破坏损失调查分区

4.2.1　地震灾区的房屋破坏损失情况，应按农村评估区和城市评估区分别调查。

4.2.2　在农村评估区，应将破坏连续分布的地震灾区分为若干子区，分区原则如下：

——6级(不含6级)以下地震，应至少将地震灾区分为2个子区，分界线宜选定在地震极灾区中心到地震灾区边界线的二等分距离处；

——6~7级(不含7级)地震，应至少将地震灾区分为3个子区，分界线宜选定在地震极灾区中心到地震灾区边界线的三等分距离处；

——7级以上(含7级)地震，应至少将地震灾区分为4个子区，分界线宜选定在地震极灾区中心到地震灾区边界线的四等分距离处；

——在地震极灾区震害分布不均匀时，宜将地震极灾区所在子区再分为2个以上的子区。

4.2.3　在破坏连续分布的区域之外的破坏区应单独作为评估子区。不应将此单独评估子区作为破坏连续分布评估区的边界。

4.2.4　地震次生灾害波及范围所在区域，应单独作为评估子区。

4.2.5　在城市评估区，可按行政区或街区划分评估子区，如果因场地条件等原因导致震害分布不均匀，宜按震害程度划分为若干评估子区。

4.3 房屋建筑面积调查

4.3.1 按照地震灾区房屋结构类型，可将房屋划分为下列类别：

—— 钢结构房屋；

—— 钢筋混凝土房屋；

—— 砌体房屋(包括底框架和内框架结构)；

—— 单层钢筋混凝土柱厂房；

—— 单层砖柱厂房；

—— 空旷房屋；

—— 木结构房屋(包括砖、土围护墙)；

—— 砖柱土坯房；

—— 土坯房；

—— 土窑洞；

—— 石墙承重房；

—— 其他当地传统建筑。

4.3.2 在每个评估子区，应调查各类房屋分别的总建筑面积。宜通过地震灾区地方政府按附录 A 与附录 B 填写。

4.3.3 在无法得到各类房屋总建筑面积时，可通过抽样调查得到各类结构建筑面积占总面积的比例，乘以所有房屋总建筑面积得到各类房屋总建筑面积。

4.3.4 在农村评估区，可通过人均房屋建筑面积或户均房屋建筑面积乘以人口或户数得到住宅房屋总建筑面积。加上公用房屋和厂房建筑面积得到房屋总建筑面积。

4.4 房屋破坏等级划分

4.4.1 应按照 GB/T 18208.3 — 2000 附录 A1.2 将房屋破坏划分为基本完好、轻微破坏、中等破坏、严重破坏和毁坏 5 个等级。

4.4.2 对于简易房屋，如木结构房屋(包括砖、土围护墙)、砖柱土坯房、土坯房、土窑洞、石墙承重房等，可分为 3 个破坏等级，划分指标为：

—— 毁坏：同 GB/T 18208.3 — 2000 附录 A1.2 规定的毁坏或严重破坏的划分指标；

—— 破坏：同 GB/T 18208.3 — 2000 附录 A1.2 规定的中等破坏或轻微破坏的划分指标；

—— 基本完好：同 GB/T 18208.3 — 2000 附录 A1.2 规定的基本完好划分指标。

4.5 房屋破坏比调查

4.5.1 房屋破坏比应按不同房屋类别、不同破坏等级分别调查求得。

4.5.2 房屋不同破坏等级的破坏面积，应采用抽样调查得到。对 6 级以下地震，地震极灾区内宜逐个村镇调查。应区分评估子区和房屋类别，将各抽样点调查结果按附录 C 与附录 D 填写。

4.5.3 抽样调查遵循以下原则：

—— 抽样点的分布，应覆盖整个地震灾区；

—— 抽样点应代表不同破坏程度，不应只抽样调查破坏轻微的点，或只抽样调查破坏严重的点；

—— 在农村评估区，应以自然村为抽样点，抽样点内的房屋应逐个调查；

—— 在城市评估区，抽样点应选在房屋集中的街区，每个抽样点的覆盖面积不应少于一个中等街区；

—— 在城市评估区，所有抽样点的房屋的建筑面积总和不应小于该城市评估区房屋总建筑面积的 10%；

—— 在城市评估区抽样点，应逐栋调查；因故无法逐栋调查时，每个抽样点调查的房屋建筑面积不应少于该抽样点房屋总建筑面积的 60%。

4.5.4 农村评估区抽样调查点的数目

——6 级(不含 6 级)以下地震，抽样点数不应少于 24 个；

——6 ~ 7 级(不含 7 级)地震，抽样点不应少于 36 个；

——7 级以上(含 7 级)地震，抽样点不应少于 48 个；

——每个评估子区内的抽样点不应少于 12 个，当评估子区内村庄少于 12 个时，应逐个调查。

4.5.5 分别计算每个评估子区不同类别房屋在各破坏等级下的破坏比，并将结果按附录 E 填写。计算方法应符合下列规定：

——分别统计一个评估子区内所有抽样点某类房屋遭受某种破坏等级的破坏面积之和 A；

——分别统计该评估子区内某类房屋总建筑面积 S；

——评估子区内某类房屋遭受某种破坏等级的破坏比 A/S。

4.5.6 不应用各抽样点破坏比的算术平均值作为评估子区的破坏比值。

4.5.7 当确定等震线(烈度分布)图后，应按照烈度分区再给出不同烈度区的各类房屋的各破坏等级的破坏比，并将结果按 GB/T 18208.3—2000 附录 C2 填写。

4.6 室内外财产损失调查

4.6.1 在每个评估子区内，区分住宅和公用房屋，分别针对不同房屋类别和不同破坏等级的房屋，宜各选取不少于 5 户(栋)典型房屋，统计不同破坏等级下住宅和公用房屋室内财产损失值和典型房屋(栋)的总建筑面积，求得二者之比，得到不同类别房屋、不同破坏等级的单位面积室内财产损失值，并按附录 F 填写。也可以参照当地年鉴的有关统计数字，根据房屋破坏程度和数量估计。

4.6.2 每个评估子区的单位面积室内财产损失值，应为评估子区内的各个抽样值的算术平均值，并应将结果按附录 G 填写。

4.6.3 当房屋重置单价不包括室内装修时，室内装修的破坏损失应按照 4.6.1 规定计入室内财产损失之中。

4.6.4 选取典型房屋时应考虑不同经济条件住户的比例。

4.6.5 价值 50 万元以上的设备、机械和精密仪器等室内财产损失应逐个调查，调查结果应按附录 H 填写。价值 50 万元以下或库存物资可由企事业单位或分管部门归类估计。

4.6.6 对每个评估子区，应由当地政府按附录 A 填写牲畜、棚圈、围墙、蓄水池等室外财产破坏数量和损失，经核实后再按附录 I 汇总。

4.7 工程结构和设施损失调查

4.7.1 各种生命线系统的工程结构、工业和特殊用途结构等，应逐个调查，并将调查结果逐一按附录 J 填表。

4.7.2 对公路、铁路、农田水利灌渠、供排水系统管道、供气系统管道、供热系统管道、输油管道、输电线路、通信系统线路，宜逐段调查得到绝对破坏长度，或抽样调查得到平均每千米破坏长度，再乘以总长度得到绝对破坏长度。

5 地震伤亡统计与失去住所人数估计

5.1 地震死亡、重伤和轻伤人数，应按下列规定的标准统计：

——死亡：因地震直接或间接致死，以及在评估期间死亡的伤员；

——重伤：需要住院治疗的伤员；

——轻伤：无须住院治疗的伤员。

5.2 人员伤亡只统计人数。

5.3 因救灾遇险、地震次生灾害导致死伤的人数应加以说明。

5.4 出现因地震而失踪人员时，应予统计。

5.5 应给出按村落或按街区人员伤亡的空间分布调查结果。

5.6 失去住所人数 T，宜根据下列方法估计：

$$T = \frac{c + d + e/2}{a} + b - f \qquad \cdots\cdots(1)$$

式中：

a —— 调查中得到的户均住宅建筑面积；

b —— 调查中得到的户均人口；

c —— 调查中得到的所有住宅房屋的毁坏建筑面积；

d —— 调查中得到的所有住宅房屋的严重破坏建筑面积；

e —— 调查中得到的所有住宅房屋的中等破坏建筑面积；

f —— 调查中得到的死亡人数。

6 地震直接经济损失

6.1 房屋及室内外财产的直接经济损失

6.1.1 房屋破坏损失比应根据房屋类别、破坏等级，并应按当地土建工程实际情况，在表1规定的范围内适当选取。

表1 房屋破坏损失比 单位为百分比(%)

结构类别	破坏等级				
	基本完好	轻微破坏	中等破坏	严重破坏	毁坏
钢筋混凝土、砌体房屋	0~5	6~15	16~45	46~80	81~100
工业厂房	0~4	5~16	17~45	46~80	81~100
城镇平房、农村建筑	0~5	6~15	16~40	41~70	71~100

对按照毁坏、破坏、基本完好3个破坏等级评定的房屋，损失比应分别在80%~100%、30%~50%、0%~5%的范围内选取。

6.1.2 房屋破坏直接经济损失，应按下列步骤计算：

a）按下列公式计算各评估子区各类房屋在某种破坏等级下的损失 L_h：

$$L_h = S_h \times R_h \times D_h \times P_h \quad \cdots\cdots(2)$$

式中：

S_h—— 该评估子区同类房屋总建筑面积；

R_h—— 该评估子区同类房屋某种破坏等级的破坏比；

D_h—— 该评估子区同类房屋某种破坏等级的损失比；

P_h—— 该评估子区同类房屋重置单价。

b）将所有破坏等级的房屋损失相加，得到该评估子区该类房屋破坏的损失；

c）将所有房屋类型的损失相加，得到该评估子区房屋损失；

d）将所有评估子区的房屋损失相加，得出整个灾区的房屋损失。

6.1.3 按照附录K和附录L分别填写房屋直接经济损失汇总表。

6.1.4 住宅和公用房屋室内财产损失，应分别按下列步骤计算：

a）按下列公式计算各评估子区各类房屋在某种破坏等级下的室内财产损失 L_p：

$$L_p = S_p \times R_p \times V_p \quad \cdots\cdots(3)$$

式中：

S_p—— 该评估子区同类房屋总建筑面积；

R_p—— 该评估子区同类房屋某种破坏等级的破坏比；

V_p—— 该评估子区同类房屋某种破坏等级单位面积室内财产损失值。

b）将所有破坏等级的室内财产损失相加，得到该评估子区该类房屋的室内财产损失；

c）将所有类型房屋的室内财产损失相加，得到该评估子区房屋室内财产损失；

d）将所有评估子区的室内财产损失相加，得出整个灾区房屋室内财产损失。

6.1.5　企事业单位室内财产损失，应按照4.6.5条的规定的调查结果评定，评估时应考虑设备破坏程度或修复难易程度。

6.1.6　室外财产损失，应按照4.6.6条的规定所作调查结果评定。

6.2　工程结构设施和企业的直接经济损失

6.2.1　生命线系统工程结构破坏等级划分

生命线系统(电力、交通、通信、供水、供气、供油、供热等系统)工程结构的破坏等级，应按照GB/T 18208.3—2000中附录D1的规定划分。凡该附录中未作具体规定的结构，可按照下列原则划分破坏等级：

——基本完好：不影响继续使用；

——破坏：丧失部分功能，可以修复；

——毁坏：丧失大部或全部功能；无法修复或已无修复价值。

6.2.2　生命线系统直接经济损失

6.2.2.1　生命线系统的工程结构损失应与有关企业或主管部门会同逐个评定。应由有关企业或主管部门调查后按附录J填写上报，并与地震主管部门共同调查核实。

6.2.2.2　生命线系统的工程结构损失可按照重置造价乘以损失比来计算，部分生命线系统工程结构的破坏损失比，应按照结构类别、破坏等级和修复难易，在表2规定范围内适当选取。

表2　部分生命线系统工程结构破坏损失比(%)

结构类别	破坏等级				
	基本完好	轻微破坏	中等破坏	严重破坏	毁坏
桥梁	0~10	11~20	21~40	41~70	71~100
铁路、公路路堤	0~10	11~20	21~50	51~70	
挡土墙	0~10	11~20	21~50	51~70	71~100
取水贮水结构	0~4	5~8	9~35	36~70	71~100
烟囱、水塔	0~4	5~8	9~35	36~70	71~100

6.2.2.3　对于4.7.2条规定的道路、铁路、管线和渠道，其损失宜按单位长度重置造价乘以绝对破坏长度计算。

6.2.2.4　铁路和公路的破坏损失，应计入清理滑坡、塌方和修复支护所增加的费用。

6.2.2.5　生命线系统的生产用房屋破坏损失应按照房屋破坏损失评估方法进行。

6.2.2.6　生命线系统地震直接经济损失应为工程结构损失和生产用房屋损失之和。

6.2.3　其他如水利系统等各种工程结构和设施的直接经济损失，可参照上述规定逐个计算。

6.2.4　企业直接经济损失

6.2.4.1　企业工程结构损失应与有关企业或主管部门会同逐个评定。根据调查结果和附录H汇总，并与地震主管部门共同调查核实。

6.2.4.2　企业的生产用房屋破坏损失应按照房屋破坏损失评估方法进行。

6.2.4.3　企业地震直接经济损失应为工程结构损失和生产用房屋损失之和。

6.3　地震直接经济损失计算

6.3.1　地震直接经济损失，应包括房屋、室内财产、室外财产、所有工程结构破坏直接经济损失之和。应按照附录M填写，提供按照行政管理和业务管理系统分别统计的损失值。

6.3.2　在特殊环境和恶劣的气候等条件下存在无法调查的区域、项目时，可采用修正系数予以修正，修正系数的取值，可根据实际情况在1.0~1.3内选取。

6.3.3　可对全部直接经济损失修正，也可对部分项目修正，应根据实际情况确定。

6.3.4　经济损失值应按当时价格以人民币计算，同时给出经济损失占灾区所在省上一年国内生产总值的比例。

7 地震救灾直接投入费用

7.1 地震救灾直接投入费用，宜根据实际投入确定。

7.2 在无法得到确切投入费用时，可按下列方法估计：

——6 级以下(不含 6 级)地震：可取地震直接经济损失的 1.5%；

——6 ~ 7 级(不含 7 级)地震：可取地震直接经济损失的 3.5%；

——7 级以上(含 7 级)地震：可取地震直接经济损失的 6%。

8 直接损失初步评估

8.1 直接损失初步评估的原则

8.1.1 不能在一周内完成详细的地震灾害损失评估时，可先采用简化方法进行初步评估，然后进行详细评估。

8.1.2 直接经济损失初步评估，宜给出损失值估计范围，不宜给出确切数字。

8.2 人员伤亡和失踪人数估计

8.2.1 人员伤亡宜根据地方政府上报数字估计。

8.2.2 失踪人数应根据现场调查和地方政府上报综合估计。

8.3 初步评估方法

8.3.1 房屋和室内外财产损失

8.3.1.1 房屋破坏比，宜根据灾区破坏分布，在各评估子区选择不少于 6 个有代表性的城市和农村抽样点调查得到破坏比，也可参考过去地震损失评估得到的经验统计破坏比。

8.3.1.2 单位面积室内财产损失值，可按照 4.6.1 条规定通过抽样调查确定。

8.3.1.3 房屋破坏损失和室内财产损失，应按照 6.1.1 条、6.1.2 条和 6.1.3 条的规定计算。

8.3.1.4 室外财产损失，可根据抽样调查评定。

8.3.2 行业直接经济损失

8.3.2.1 由生命线各系统、水利、企业、卫生、教育管理部门分别上报本系统的工程结构、生产用房屋、室内设备损失估计值。

8.3.2.2 在各评估子区中按行业选择重点抽样调查核实单价、数量和破坏程度，给出行业直接经济损失初步估计。

9 续发地震损失评估

9.1 续发地震损失评估，应在前一次地震损失评估结束到震区恢复重建完成之前进行。

9.2 续发地震损失的地震灾区中与前发地震灾区不重合的区域，应划为新的评估子区。

9.3 续发地震损失的地震灾区中与前发地震灾区重合的区域，其损失评估的项目、计算方法应与前发地震损失评估相同，但应扣除前发各次地震损失之和：

—— 对房屋建筑，计算续发地震的破坏比时应从最终的破坏比减去前发地震的破坏比；

—— 对室内财产，计算续发地震的单位面积损失值时应减去前发地震的值；

—— 对生命线系统和其他工程结构，应逐个调查续发地震的破坏等级并计算损失，再减去前发地震的损失。

9.4 多次续发地震损失的总和，不应超过实物财产的总价值。

9.5 当重合的评估子区面积较小时，可适当减少抽样点数目，但抽样点不应少于 5 个。

10 汇总和报告内容

10.1 地震灾害直接损失包括人员伤亡、地震直接经济损失和地震救灾投入费用。

10.2 损失评估报告应按照附录 N 所规定的内容编写。

附 录 A
（规范性附录）
居住房屋等基础资料调查表

______________市、县（区）______________乡（镇、街道）（盖章有效）

填表人：____________ 联系电话：____________ 填表日期：______年______月______日

序号	行政单位名称（行政村、居委会等）	自然村个数/个	户数/户	人口/人	户均面积/m^2	户均财产/元	各类房屋总面积/（m^2 或间）					其他破坏情况				备注
							框架	砖混	砖木	土木	其他	棚圈/m^2	围墙/m	死亡牲畜/头（只）	其他	
1																
2																
3																
4																
5																
6																
7																
8																
9																
10																
……																
单价/元：																
平均每间面积/m^2：							—					—		—	—	

说明

1）各类房屋资料请列出震前面积、财产等基础资料，而不是列出地震造成破坏的面积；
2）房屋结构类型：框架指钢筋混凝土框架；砖混指砖墙承重，混凝土楼板和房顶；砖木指砖墙、木房架；土木指土墙、木屋架；
3）如果农村房屋面积按间数统计，则必须填写平均每间平方米数；
4）表中房屋结构类型没有列全，可以根据灾区的情况更改或添加；
5）如果出现地裂缝或喷砂冒水等现象，请在备注栏中填写。

附 录 B
(规范性附录)
公用、商用或生产用房等基础资料调查表(按用途归类填写)

_______________市、县(区) _______________乡(镇、街道)(盖章有效)

填表人:___________联系电话:___________填表日期:_______年_______月_______日

用途类型:(在下列项目中选取:学校,医院卫生、政府办公及公用、体育场馆和影剧院、宾馆酒店写字楼、金融、工厂、其他(具体写明))

序号	行政单位名称(行政乡镇、居委会等)	房屋所属单位	平均室内财产/元	各类房屋总面积/(m^2 或间)						备注
				框架	砖混	砖木	土木	厂房	其他	
1										
2										
3										
4										
5										
6										
7										
8										
9										
10										
……										
单价/元:										
平均每间面积/m^2:				—				—		
说明	1)各类房屋资料请列出震前面积、财产等基础资料,而不是列出地震造成破坏的面积; 2)房屋结构类型:框架指钢筋混凝土框架和剪力墙等;砖混指砖墙承重,混凝土楼板和房顶;砖木指砖墙、木房架;土木指土墙、木屋架; 3)如果农村房屋面积按间数统计,则必须填写平均每间平方米数; 4)表中房屋结构类型没有列全,可以根据灾区的情况更改或添加; 5)调查表中的行政层级可根据具体情况调整。									

附 录 C
（规范性附录）
抽样点房屋面积抽样调查汇总表

单位：平方米

结构类型	破坏等级					合计
	毁坏	严重破坏	中等破坏	轻微破坏	基本完好	
合计						

评估子区（或城市评估区）名称：________ 调查点（或抽样点）：________________

调查者：________，________，________ 日期：________年________月________日

附 录 D
（规范性附录）
各抽样点房屋抽样调查汇总表

评估子区名称：________房屋类别：________面积单位：________抽样总建筑面积：________

序号	抽样点名称	基本完好	轻微破坏	中等破坏	严重破坏	毁坏	合计
1							
2							
……							
N							
合计							

填表人：________________复核人：________________日期：________年________月________日

附 录 E
（规范性附录）
各评估区房屋破坏比汇总表

评估子区名称：________

序号	房屋类别	基本完好	轻微破坏	中等破坏	严重破坏	毁坏
1						
2						
……						
N						

填表人：________________复核人：________________日期：________年________月________日

附 录 F
（规范性附录）
房屋室内财产损失抽样调查表

抽样点名称：________房屋类别：________面积单位：________财产损失值单位：________

序号	抽样房屋名称	建筑面积	破坏等级	主要损失物品	损失值	单位面积损失值
1						
2						
……						
N						

填表人：________________复核人：________________日期：________年________月________日

附 录 G
（规范性附录）
房屋单位面积室内财产损失汇总表

评估子区名称：________面积单位：____m²____财产损失值单位：____元____

房屋类别	基本完好	轻微破坏	中等破坏	严重破坏	毁坏

填表人：________________复核人：________________日期：________年________月________日

附 录 H
（规范性附录）
企事业单位设备损失调查表

财产损失企业或单位名称：____________________

序号	企事业名称	设备名称	生产年代	原价	现价	破坏状况	损失值
1							
2							
……							
N							
合计							

填表人：________________复核人：________________日期：________年________月________日

附　录　I
（规范性附录）
室外财产损失抽样调查表

财产损失值单位：＿＿＿＿＿＿

序号	项目类别	计量单位	单价	损失状况	损失值
1	牲畜				
2	棚圈				
3	围墙				
……					
N					
合计					

填表人：＿＿＿＿复核人：＿＿＿＿日期：＿＿＿年＿＿＿月＿＿＿日　调查点(或抽样点)：＿＿＿

附　录　J
（规范性附录）
各类生命线工程结构及其他工程结构损失调查表

工程名称：＿＿＿＿＿＿结构类型：＿＿＿＿＿＿所属单位：＿＿＿＿＿＿所在地点：＿＿＿＿＿＿

<table>
<tr><th>项目</th><th>数据</th><th>破坏现象描述</th><th colspan="2">附属用房破坏情况</th></tr>
<tr><td>结构形式</td><td></td><td rowspan="5"></td><td>结构类型</td><td></td></tr>
<tr><td rowspan="2">尺寸(高度、长宽高、容积等)/m</td><td rowspan="2"></td><td>结构单价/元</td><td></td></tr>
<tr><td>结构面积/m²</td><td></td></tr>
<tr><td>使用材料</td><td></td><td rowspan="4">破坏情况</td><td rowspan="4"></td></tr>
<tr><td>建造年代</td><td></td></tr>
<tr><td>场地、地基情况</td><td></td><td>经济损失计算方法(请详细描述)</td></tr>
<tr><td>原建造单价/元</td><td></td><td rowspan="6"></td></tr>
<tr><td>现建造单价/元</td><td></td><td>估计损失/元</td><td></td></tr>
<tr><td>现总造价/元</td><td></td><td rowspan="4">备注</td><td rowspan="4"></td></tr>
<tr><td>破坏等级</td><td></td></tr>
<tr><td>损失比</td><td></td></tr>
<tr><td>损失值/元</td><td></td></tr>
</table>

填表人：＿＿＿＿＿＿＿复核人：＿＿＿＿＿＿＿日期：＿＿＿＿年＿＿＿＿月＿＿＿＿日

附　录　K
（规范性附录）
按用途分类的房屋破坏面积汇总表

单位：间数或平方米

房屋用途	破坏面积						备注
	毁坏	严重破坏	中等破坏	轻微破坏	基本完好		
农村民房							（请列出农村和城镇房屋每间平均面积）简易房屋破坏等级按3档划分时，“毁坏”的面积归入毁坏栏，“破坏”的面积归入中等破坏栏
城市民房							
教育系统							
卫生系统							
其他公用房							
总计							

附　录　L
（规范性附录）
按行政区分类的房屋破坏面积汇总表

单位：间数或平方米

行政区	结构类型	破坏面积				
		毁坏	严重破坏	中等破坏	轻微破坏	基本完好
	框架结构					
	砖混结构					
	砖木结构					
	土木结构					
	简易房					
	小计					
	框架结构					
	砖混结构					
	砖木结构					
	土木结构					
	简易房					
	小计					
……	框架结构					
	砖混结构					
	砖木结构					
	土木结构					
	简易房					
	小计					
总计						
百分比/%						

附 录 M
(规范性附录)
地震灾害直接经济损失汇总表

地震事件名称：__________ 发生时间：__________ 单位：万元

行政区	评估项目																			合计
	房屋						生命线系统					企业	水利	农田	其他	室内外财产				
	农村住宅	农村公用	城市住宅	城市公用	教育系统	卫生系统	电力	交通	通讯	供排水	其他					室内财产	牲畜	围墙	其他	
小计																				
分项合计																				
百分比/%																				

附　录　N
（资料性附录）
地震灾害直接损失评估报告内容

一、地震基本参数
1. 发震时间
2. 震中位置
3. 震级
4. 震源深度
二、地震灾区概况和自然环境
1. 灾区概况
（1）灾区面积
（2）包括的省、市、县
（3）包括的城市街道、乡、镇个数
（4）灾区人口、户数
（5）户均住宅建筑面积
（6）震害特征
2. 灾区社会经济环境
（1）地区总产值，工业总产值，第一产业增加值，第二产业增加值，第三产业增加值
（2）支柱产业、重大工程设施以及主要生命线系统状况等
（3）地震灾区及极灾区范围
三、损失评估分区与抽样点数目和抽样点分布图，标明极灾区，并附已经确定的地震烈度分布图
四、人员伤亡及失去住所人数
1. 死亡人数
2. 重伤人数
3. 轻伤人数
4. 失踪人数
5. 失去住所人数
6. 死亡分布图
五、房屋破坏直接经济损失
1. 评估区划分及附图
2. 灾区房屋类别与破坏等级
3. 各类房屋建筑总面积；各类房屋不同等级破坏总面积汇总表；农村和城镇房屋每间平均面积
4. 调查得到各类房屋破坏比，附本标准附录 C、附录 D、附录 E 的表格
5. 选定的房屋破坏损失比
6. 确定的房屋重置单价
7. 确定的房屋损失比
8. 各评估子区和地震灾区房屋总损失
9. 按用途和按行政区分类的房屋损害汇总，附本标准附录 L、附录 K 的表格
10. 重新计算的各烈度的房屋破坏比
六、室内外财产损失
1. 住宅和公用房屋室内财产损失估计，附本标准附录 F、附录 G、附录 H 的表格

2. 室外财产损失

七、工程结构直接经济损失(可简称工程结构损失)

1. 生命线系统工程结构(电力、通信、交通、供排水、供油、供气、供热)损失

2. 水利工程结构和其他各类工程结构损失

八、企事业的设备财产直接经济损失

九、地震救灾投入费用

十、地震灾害的直接经济损失总值，救灾投入费用，附本标准附录M的表格

十一、附有关震害资料照片

ICS 91.120.25
P 15

中华人民共和国国家标准

GB 18306—2001

中国地震动参数区划图

Seismic ground motion parameter zonation map of China

2001-02-02 发布

2001-08-01 实施

国家质量技术监督局 发布

前　言

本标准的全部技术内容为强制性。

本标准是根据《中华人民共和国防震减灾法》第三章第十七条、第十八条有关规定及工程建设对编制地震动参数区划图的需求制定的。

本标准吸收了我国近10年来新增加的、大量的地震区划基础资料及其综合研究的最新成果，采用了国际上最先进的编图方法。

制定本标准的目的是为减轻和防御地震灾害提供抗震设防要求，更好地服务于国民经济建设。

中国地震动参数区划图包括：

a）中国地震动峰值加速度区划图；

b）中国地震动反应谱特征周期区划图；

c）地震动反应谱特征周期调整表。

本标准的附录A、附录B、附录C都是标准的附录。

本标准的附录D是提示的附录。

本标准由中国地震局提出并归口。

本标准起草单位：中国地震局地球物理研究所、中国地震局工程力学研究所、中国地震局地质研究所、中国地震局地壳应力研究所、中国地震局分析预报中心。

本标准主要起草人：胡聿贤、高孟潭、徐宗和、薄景山、张培震、陈国星、谢富仁、李大华、冯义钧、许晏萍。

中国地震动参数区划图

1 范围

本标准给出了中国地震动参数区划图及其技术要素和使用规定。

本标准适用于新建、改建、扩建一般建设工程抗震设防，以及编制社会经济发展和国土利用规划。

2 定义

本标准采用下列定义。

2.1

地震动参数区划 seismic ground motion parameter zonation

以地震动峰值加速度和地震动反应谱特征周期为指标，将国土划分为不同抗震设防要求的区域。

2.2

地震动峰值加速度 seismic peak ground acceleration

与地震动加速度反应谱最大值相应的水平加速度。

2.3

地震动反应谱特征周期 characteristic period of the seismic response spectrum

地震动加速度反应谱开始下降点的周期。

2.4

超越概率 probability of exceedance

某场地可能遭遇大于或等于给定的地震动参数值的概率。

2.5

抗震设防要求 requirements for seismic resistance; requirement for fortification against enrthquake

建设工程抗御地震破坏的准则和在一定风险水准下抗震设计采用的地震烈度或者地震动参数。

3 技术要素

3.1 《中国地震动峰值加速度区划图》和《中国地震动反应谱特征周期区划图》的比例尺为1:400万。

3.2 《中国地震动峰值加速度区划图》和《中国地震动反应谱特征周期区划图》的设防水准为50年超越概率10%。

3.3 《中国地震动峰值加速度区划图》和《中国地震动反应谱特征周期区划图》的场地条件为平坦稳定的一般(中硬)场地。

3.4 《地震动反应谱特征周期调整表》采用四类场地划分。

4 使用规定

4.1 新建、扩建、改建一般建设工程的抗震设计和已建一般建设工程的抗震鉴定与加固必须按本标准规定的抗震设防要求进行。

4.2 本标准的附录A、附录B的比例尺为1:400万，不应放大使用。

4.3 下列工程或地区的抗震设防要求不应直接采用本标准，需做专门研究：

a）抗震设防要求高于本地震动参数区划图抗震设防要求的重大工程、可能发生严重次生灾害的工程、核电站和其他有特殊要求的核设施建设工程；

b）位于地震动参数区划分界线附近的新建、扩建、改建建设工程；

c）某些地震研究程度和资料详细程度较差的边远地区；

d）位于复杂工程地质条件区域的大城市、大型厂矿企业、长距离生命线工程以及新建开发区等。

附　录　A
（标准的附录）
中国地震动峰值加速度区划图（见图 A1）（略）

附　录　B
（标准的附录）
中国地震动反应谱特征周期区划图（见图 B1）（略）

附　录　C
（标准的附录）
中国地震动反应谱特征周期调整表（见表 C1）

表 C1　中国地震动反应谱特征周期调整表

特征周期分区	场地类型划分			
	坚　硬	中　硬	中　软	软　弱
1 区	0.25	0.35	0.45	0.65
2 区	0.30	0.40	0.55	0.75
3 区	0.35	0.45	0.65	0.90

附　录　D
（提示的附录）
关于地震基本烈度向地震动参数过渡的说明

本标准直接采用地震动参数（地震动峰值加速度和地震动反应谱特征周期），不再采用地震基本烈度。现行有关技术标准中涉及地震基本烈度概念的，应逐步修正。在技术标准等尚未修订（包括局部修订）之前，可以参照下述方法确定：

a）抗震设计验算直接采用本标准提供的地震动参数；

b）当涉及地基处理、构造措施或其他防震减灾措施时，地震基本烈度数值可由本标准查取地震动峰值加速度并按表 D1 确定，也可根据需要做更细致的划分。

表 D1　地震动峰值加速度分区与地震基本烈度对照表

地震动峰值加速度分区 g	<0.05	0.05	0.1	0.15	0.2	0.3	≥0.4
地震基本烈度值	<Ⅵ	Ⅵ	Ⅶ	Ⅶ	Ⅷ	Ⅷ	≥Ⅸ

GB 18306 — 2001《中国地震动参数区划图》国家标准第 1 号修改单

本修改单经国家标准化管理委员会于 2008 年 6 月 11 日批准，自批准之日起实施。

标准名称：GB 18306 — 2001《中国地震动参数区划图》

修改内容：

一、增加 4. 4 条，即：

由(N31°14′57. 2″，E101°0′41. 6″)，（N29°13′41. 8″，E103°8′8. 8″)，（N32°52′24. 3″，E107°40′44. 4″)和(N34°43′15. 5″，E105°22′59. 7″)四点坐标圈定的四边形地区(以下称“修改区域”)内，地震动峰值加速度和地震动反应谱特征周期修改为新值。修改区域内新值使用要求如下：

a）修改区域内原规定值废止，修改区域外采用原规定值；

b）修改区域图件比例尺为 1∶100 万，不得放大使用；

c）修改区域内新建、改建、扩建一般建设工程的抗震设计，已建建设工程的抗震鉴定与加固，地震灾后重建规划，应按新规定的抗震设防要求进行。

二、附录 A 后增加“注”，即：

注：修改区域内修改为新值，单独成图为《四川、甘肃、陕西部分地区地震动峰值加速度区划图》（见图 A2)，比例尺为 1∶100 万。

三、附录 B 后增加“注”，即：

注：修改区域内修改为新值，单独成图为《四川、甘肃、陕西部分地区地震动反应谱特征周期区划图》（见图 B2)，比例尺为 1∶100 万。

附：图 A2《四川、甘肃、陕西部分地区地震动峰值加速度区划图》（1∶100 万）（略）

图 B2《四川、甘肃、陕西部分地区地震动反应谱特征周期区划图》（1∶100 万）（略）

ICS 91.120.25
P 15

中华人民共和国国家标准

GB/T 19428—2003

地震灾害预测及其信息管理系统技术规范

Code for earthquake disaster evaluation and its information management system

2003-12-30 发布　　2004-05-01 实施

中华人民共和国国家质量监督检验检疫总局　发布

前　言

本标准的附录B、附录C、附录D是规范性附录，附录A是资料性附录。

本标准由中国地震局提出。

本标准由全国地震标准化技术委员会(CSBTS/TC 225)归口。

本标准主要起草单位：中国地震局工程力学研究所。

本标准参加起草单位：中国地震局地球物理研究所、中国地震局地质研究所、四川省地震局、中国海洋大学。

本标准主要起草人：冯启民、赵振东、李谊瑞、杨亚弟、赵凤新、郭恩栋、李小军、陈建英、曲国胜、冯义钧。

本标准为首次发布。

引　言

为了适应地震灾害预测技术信息化、规范化建设的需要，根据我国若干城市在实施地震灾害预测及其信息管理系统建设所积累的经验，参考我国地震灾害预测方法和地理信息系统(GIS)应用技术，制定本标准，以便规范该项工作的内容、方法等。

地震灾害预测及其
信息管理系统技术规范

1 范围

本规范规定了进行地震灾害预测以及建立其信息管理系统的工作内容、技术方法、技术要求及成果表达形式。本规范适用于城市、大中型企业和乡镇，也适用于包含若干城市所组成的区域。

2 规范性引用文件

下列文件中的条款通过本标准的引用而成为本标准的条款。凡是注日期的引用文件，其随后所有的修改单(不包括勘误的内容)或修订版均不适用于本标准，然而，鼓励根据本标准达成协议的各方研究是否可使用这些文件的最新版本。凡是不注日期的引用文件，其最新版本适用于本标准。

GB/T 8567 — 1988　计算机软件产品开发文件编制指南

GB/T 17160 — 1997　1:500、1:1000、1:2000 地形图数字化规范

GB 17741 — 1999　工程场地地震安全性评价技术规范

GB/T 18207. 1 — 2000　防震减灾术语　第 1 部分：基本术语

GB/T 18208. 3 — 2000　地震现场工作　第 3 部分：调查规范

GB 18306 — 2001　中国地震动参数区划图

GB 50011 — 2001　建筑抗震设计规范

3 术语和定义

下列术语和定义适用于本规范。

3. 1

地震灾害　earthquake disaster

地震造成的人员伤亡、财产损失、环境和社会功能的破坏。

[GB/T 18207. 1 — 2000 中的 3. 3. 1]

3. 2

地震环境　earthquake environment

地震构造、地震活动性和地震地质背景的总称。

3. 3

设定地震　scenario earthquake

预期对某一区域可能产生震害的地震，包括震中、震级。

3. 4

工程结构地震易损性　seismic vulnerability of structures

与地震动参数相关的工程结构的条件破坏概率。

3. 5

构造类比　tectonic analog

一种地震活动性分析方法。该方法认为具有类似构造标志的地区，有发生同样强度地震的可能。

3. 6

场地影响　site effect

局部场地条件对地震动的影响。

3.7

生命线工程系统 lifeline engineering system

能源(电、气、油、热)供应、通讯、交通、供水等工程系统的总称。

3.8

地震次生灾害 earthquake - induced disasters

地震造成工程结构和自然环境破坏而引发的灾害。如火灾、爆炸、瘟疫、有毒有害物质污染以及水灾、泥石流和滑坡等对居民生产和生活区的破坏。

[GB/T 18207.1 — 2000 中的 3.3.3]

4 基本规定

4.1 工作分级与内容

4.1.1 地震灾害预测及其信息管理系统技术工作内容按区域对象、工作详细程度以及精度要求分为甲、乙、丙三级。

4.1.2 甲级和乙级工作内容应包括下列专题:

—— 工作区地震环境;

—— 场地影响及地震地质灾害评价;

—— 建筑物震害预测;

—— 生命线工程系统震害预测;

—— 次生灾害估计;

—— 人员伤亡及经济损失估计;

—— 防震减灾对策;

—— 信息管理系统。

在各专题中甲、乙级工作的详细程度以及精度要求有所不同，分别在各专题中详细规定。

4.1.3 丙级工作内容应包括下列专题:

—— 建筑物震害预测;

—— 人员伤亡及经济损失估计。

4.1.4 城市建成区以及大、中型企业应按甲级或乙级工作内容开展工作。

4.1.5 乡、镇应按丙级工作内容开展工作，可归于所属城市一并进行。

4.2 数据

4.2.1 分别按甲、乙、丙级工作内容，获取各专题数据以及多专题共用的基础数据。

4.2.2 做地震动影响场所需的区域基础图件比例尺可选为 1:5 万或 1:25 万，也可选用其他比例尺的图件，须满足地震影响场表达的需要。

4.2.3 建筑物分布图比例尺:

—— 甲级工作，图件比例尺可选 1:500、1:1000、1:2000、1:5000;

—— 乙级工作，图件比例尺可选 1:2000 或 1:5000。

5 工作区地震环境

5.1 地震危险性分析

5.1.1 甲级工作应满足下列要求:

—— 应按 GB 17741 — 1999 的Ⅱ级要求，开展工作区的地震危险性概率分析工作;

—— 应提供控制点处基岩场地 50 年三个超越概率水平(2% 或 3%、10% 和 63%)下的地震动参数和平均场地的地震烈度，可给出基岩场地地震动加速度时程。

5.1.2 已经做过地震动小区划的甲级工作区，应补充该区近年来经有关部门批准的最新研究成果。

5.1.3 乙级工作，应提供基岩场地 50 年超越概率 10% 的地震动加速度峰值、加速度反应谱，宜按 GB 17741 — 1999 的Ⅱ级工作要求执行，也可利用已有的相关技术成果。

5.1.4 丙级工作，可采用 GB 18306 — 2001 规定的参数。

5.2 设定地震

5.2.1 甲级工作应确定 2 或 3 个设定地震，乙级工作应确定 1 或 2 个设定地震。丙级工作所需要的设定地震可采用所属城市工作区的设定地震。

5.2.2 确定设定地震可采用以下方法：

—— 地震构造法：采用构造类比的方法确定设定地震的震级、距离和破裂方向；

—— 历史地震法：参考对工作区有显著影响的历史地震确定设定地震；

—— 概率方法：基于地震发生的概率模型，计算具有一定概率意义的设定地震。

5.3 甲级和乙级工作，应给出平均场地的地震烈度及地震动参数衰减关系。

6 场地影响及地震地质灾害评价

6.1 基本规定

6.1.1 甲级工作，应开展或补充场地工程地质条件勘察与调查工作，进行场地地震影响分析和场地地震地质灾害评价，编绘场地类别分区图、地震动参数小区划图及地震地质灾害小区划图。工作内容和采用的方法应符合 GB 17741 — 1999 的规定。

6.1.2 乙级工作，可利用已有资料和数据，进行适当的工程地质条件勘察与调查补充工作，采用规范方法或其他经验方法进行场地类别划分、场地地震动影响分析和场地地震地质灾害评价，编绘场地类别分区图、地震动参数小区划图及地震地质灾害小区划图。

6.1.3 丙级工作，可不考虑场地条件对地震动参数的影响，并简单判断工程场地地震地质灾害的影响程度。

6.2 场地工程地质条件勘察与调查

6.2.1 勘察与调查工作，应符合 GB 17741 — 1999 和 GB 50011 — 2001 的规定。

6.2.2 勘察工作内容，应包括场地工程地质勘察、岩土动力和静力参数测试及地震活动断层探测等。

6.2.3 调查工作内容，应包括收集、整理和分析工程地质、水文地质、地形地貌和地震构造等资料。

6.2.4 场地类别划分应符合 GB 50011 — 2001 的规定。

6.3 地震地质灾害评价

6.3.1 地震地质灾害评价可包括地震作用引起的地表破裂、砂土液化、软土震陷及岩土崩塌与滑坡等灾害的评价。

6.4 成果表达方式

6.4.1 地震地质灾害小区划图可以是一幅砂土液化、软土震陷、地表破裂等多种类型灾害信息综合表示图，也可以是多幅单一类型灾害信息表示图。表达方式上除了平面图之外，宜以必要的柱状图与剖面图辅助说明。

6.4.2 场地类别分区图、地震动参数小区划图和地震地质灾害小区划图的比例尺，可结合具体工作要求确定，但应满足震害预测分析中确定的工作区分区或单元能被识别的要求。

7 建筑物震害预测

7.1 建筑物的分类

7.1.1 现有建筑物可分为重要建筑物和一般建筑物。

7.1.1.1 重要建筑物应包括：

—— 党政机关、抗震救灾指挥部等部门的主要办公楼；

—— 公安、消防、医疗救护、学校、影剧院等单位的主要建筑物；
—— 生命线工程系统的重要建筑物，如主要的水厂、电厂、变电站、通讯中心、火车站、汽车站、航空港等。

7.1.1.2 一般建筑物指除重要建筑物以外的建筑物。

7.1.2 一般建筑物的分类，可参考工作区建筑物统计资料的分类。可分为：

—— 多层砌体房屋；
—— 多层钢筋混凝土房屋；
—— 高层建筑；
—— 单层民宅；
—— 其他类别。

7.1.3 重要建筑物可根据具体情况进行分类。

7.2 建筑物震害的分级

建筑物震害等级划分可按 GB/T 18208.3 — 2000 给出结果。根据工作区的实际情况，也可按基本完好、中等破坏和严重破坏三个等级给出结果。

7.3 专题基础资料

7.3.1 建筑物专题数据的调查应采集现有房屋的场址、结构、使用状况等数据，调查方式可分为下列三种：

—— 详查，逐栋收集房屋的有关数据和资料；
—— 抽查，对于工作区内的一般建筑物，可采用抽样调查的方式，抽样率一般以占该类建筑总面积的 8% ~11% 为宜，高层建筑宜为 6% ~10%，对建筑物数量较多或可比性较好的工作区，可降低抽样率，但应以满足易损性分析需要为准。抽样应兼顾建造年代、层数、设防标准、地域分布及用途等诸多因素的合理选取；
—— 普查，充分利用本地区已有的房屋调查统计资料，调查建筑物的主要数据，如建筑面积、建造年代、层数、结构类型、结构现状等，填写建筑物普查表，表格形式可参考附录 A(资料性附录)。

7.3.2 甲级工作，建筑物专题数据调查应符合下述要求：

—— 重要建筑物与样本建筑物应采用详查方法，在建筑物分布图中逐栋显示其分布及预测结果；
—— 一般房屋可采用抽查方法，也可采用详查方法，并应逐栋填写普查表，在建筑物分布图中逐栋显示其分布及预测结果；
—— 根据需要，可对典型房屋进行现场动力特性测试。

7.3.3 乙级工作，建筑物专题数据调查应符合下述要求：

—— 重要建筑物与样本建筑物应采用详查方法，在建筑物分布图中逐栋显示重要建筑物的分布及预测结果；
—— 一般房屋可采用抽查方法，按预测单元做群体预测。在建筑物分布图中按预测单元显示预测结果。

7.3.4 丙级工作，建筑物专题数据调查应根据工作区建筑物统计资料，配合现场调查，给出预测单元的统计数据，按预测单元显示预测结果。

7.4 易损性分析方法

7.4.1 甲级和乙级工作

7.4.1.1 重要建筑物应按单体进行抗震分析，可选用下列方法：

—— 不超过 12 层且刚度无突变的钢筋混凝土框架结构、单层钢筋混凝土柱厂房可采用验算其结构薄弱部位层间弹塑性位移的简化计算方法；
—— 弹塑性地震时程反应分析方法；
—— 建筑结构抗震反应分析的其他简化方法。

7.4.1.2 采用详查和抽样调查方法的建筑物，可采用模式判别法或震害预测智能辅助决策系统法等方法进行易损性评价，其中，高层建筑可采用本标准7.4.1.1规定的方法与类比方法相结合进行易损性评价。

7.4.1.3 普查的建筑物可采用类比法或经验判定法进行易损性评估。

7.4.1.4 特殊结构形式的建筑物、构筑物，如古建筑、重要的大型工业设施设备等，宜进行专门的地震反应分析。

7.4.2 丙级工作

重要建筑物和特殊结构形式的建、构筑物按本标准7.4.1的规定进行易损性评价，其他建筑物可按类比法或经验判定法进行易损性评估。

7.5 建筑结构易损性矩阵

7.5.1 单元小区的划分

建筑物易损性分析可根据工作区的具体情况，采用一种或几种单元小区。单元小区可按下列方式划分：

——在工作区内以0.5 km×0.5 km或更大的尺度划分成相等的方格为单元小区；

——按城市各行政区划或街道办事处、乡镇、居民委、居民小区等为单元小区；

——按社区为单元小区。

7.5.2 易损性矩阵

——重要建筑物，宜按单体给出易损性结果；

——可根据抽样的结果采用类比法得到其他建筑物单体的易损性结果；

——一般建筑物和普查建筑物，可按单元小区给出易损性矩阵。

7.6 主要成果表达方式

7.6.1 专题数据资料

应提供工作区建筑物的概况、类型、数量、建筑面积等统计数据，并宜提供建筑物调查的资料，包括建筑结构的参数等。

7.6.2 易损性分析方法与结果

应对各类建筑结构易损性分析所采用的方法进行介绍，并给出分析结果。宜提供一套可行的建筑物易损性类比的方法，或者可行的建筑物易损性计算方法。

7.6.3 结论和建议

应对工作区各类建筑物的抗震能力进行综合评价，并应指出工作区内建筑物的高危害类型、存在的主要问题和抗震薄弱环节。

7.6.4 通过信息管理系统的集成，应给出工作区在设定地震或设防地震动参数作用下的建筑物震害程度及空间分布。

8 生命线工程震害预测

8.1 基本规定

8.1.1 生命线工程系统中的建筑物，应按本标准7.4的规定进行易损性分析。

8.1.2 生命线工程系统专题数据资料调查，应采用实地调查和查阅资料等方式进行。

8.1.3 生命线工程系统中各类工程结构、设施设备等的预测破坏等级，可按GB/T 18208.3—2000给出结果。

8.2 交通系统

8.2.1 工作区内的主要道路及主要桥梁、车站等，可按本节规定进行震害预测。

8.2.2 专题数据资料的收集，应包括下列内容：

——交通网络平面图，应注明主要桥梁、车站的位置；

——主要道路的名称、宽度、长度、场地条件及两侧建筑物的情况等资料；
——主要桥梁、车站的建筑图、结构图及场地条件等资料。

8.2.3 根据工作级别，可分别采用下列方法进行易损性分析。

8.2.3.1 甲级工作

——可采用统计分析法、规范校核法、PUSHOVER 法等方法进行桥梁结构的易损性分析；
——可采用经验方法预测道路的破坏情况；
——可采用交通系统网络功能失效分析方法进行地震影响范围分析。

8.2.3.2 乙级工作

——可采用统计分析法、规范校核法、PUSHOVER 法等方法进行桥梁结构的易损性分析；
——可进行交通系统地震功能失效影响范围分析。

8.2.4 主要成果，应包括下列内容：

——交通系统平面图；
——交通系统易损性分析结果；
——主要桥梁、车站易损性分析结果；
——交通系统功能失效影响范围分析结果；
——通过信息管理系统的集成，给出工作区在地震作用下的交通系统震害程度及空间分布。

8.3 供电系统

8.3.1 110 kV 及以上的电力系统，包括电厂主厂房、变电站主控制楼、配电装置室等主要建(构)筑物和 110 kV 及以上的高压电气设备，可按本节规定进行震害预测。

8.3.2 专题数据资料的收集，应包括下列内容：

——电网地理接线图、电网主接线图；
——主要高压电气设备名称、型号、安装方式等资料；
——工作区内各电厂、变电站的建筑竣工图和结构竣工图及其服务范围。
——发电厂、变电站之间，发电厂之间，变电站之间的关系。

8.3.3 根据工作级别，可分别采用下列方法进行易损性分析。

8.3.3.1 甲级工作

——对于系统中的构筑物，可采用规范校核法或弹塑性地震反应近似分析等方法进行易损性分析；
——对主要的高压电气设备，应按其结构特点进行可靠性分析；
——可采用供电系统网络可靠性分析或网络功能失效分析方法进行地震影响场分析。

8.3.3.2 乙级工作

——对于系统中的构筑物，可采用简化方法进行易损性分析；
——对主要的高压电气设备进行易损性评估；
——可进行供电功能失效地震影响场分析。

8.3.4 主要成果，应包括下列内容：

——电力系统网络分布图；
——按单体给出建筑物、构筑物的易损性分析结果；
——高压电气设备抗震可靠性分析结果；
——网络功能失效分析结果；
——甲级工作还应提交电力系统地震破坏影响场；
——提供电力系统抗震的薄弱环节；
——通过信息管理系统的集成，给出工作区在地震作用下的供电系统震害程度及空间分布。

8.4 供水系统

8.4.1 工作区内的供水主干线管网以及水厂、泵站中的水处理池、泵房、办公楼等，可按本节规定进行震害预测。

8.4.2 专题数据资料的收集，应包括下列内容：

—— 供水主干管网平面布置图，应注明水厂、泵站的位置；

—— 各管段的材料、接头型式、直径、壁厚、埋深及场地条件等资料；

—— 对水厂、泵站中的水处理池、泵房、办公楼等建筑物与构筑物，收集建筑、结构图等资料。

8.4.3 根据工作级别，可分别采用下列方法进行易损性分析。

8.4.3.1 甲级工作

—— 可采用波动法并考虑地震地质灾害的影响进行管道的易损性分析；

—— 可采用变形校核法进行泵房、水池的易损性分析；

—— 可采用供水系统网络功能失效分析方法进行地震影响场分析。

8.4.3.2 乙级工作

—— 可采用波动法并考虑地震地质灾害的影响进行管道的易损性分析；

—— 可采用变形校核法进行泵房等的易损性分析；

—— 可采用供水系统功能失效分析方法进行地震影响场评估。

8.4.4 主要成果，应包括下列内容：

—— 供水系统平面图；

—— 供水管道易损性分析结果；

—— 水厂、泵站中的各类建筑物与构筑物的易损性分析结果；

—— 供水系统功能失效影响场分析结果；

—— 供水系统抗震薄弱环节；

—— 通过信息管理系统的集成，给出工作区在地震作用下的供水系统震害程度及空间分布。

8.5 供气系统

8.5.1 工作区内的供气主干线管网以及气源厂、调压站中的重要建筑物与构筑物，可按本节规定进行震害预测。

8.5.2 专题数据资料的收集，应包括下列内容：

—— 供气主干管网平面图，注明气源厂、调压站的位置；

—— 各管段的材料、接头型式、直径、壁厚、埋深、工作压力等资料；

—— 对气源厂、调压站中的重要建（构）筑物，收集建筑图、结构图、安装图等资料。

8.5.3 根据工作级别，可分别采用下列方法进行易损性分析。

8.5.3.1 甲级工作

—— 可采用波动法并考虑地震地质灾害的影响进行供气管道的易损性分析；

—— 可采用抗力校核法进行储气柜的易损性分析；

—— 可采用供气系统网络功能失效分析方法进行地震影响场分析。

8.5.3.2 乙级工作

—— 可采用波动法并考虑地震地质灾害的影响进行供气管道的易损性分析；

—— 可采用抗力校核法进行储气柜的易损性分析；

—— 可采用供气系统功能失效分析方法进行地震影响场评估。

8.5.4 主要成果，应包括下列内容：

—— 供气系统平面布置图；

—— 供气管道易损性分析结果；

—— 气源厂、调压站中的各类建筑物与构筑物的易损性分析结果；

—— 储气柜易损性分析结果；

—— 供气系统功能失效影响场分析结果；

——供气系统抗震薄弱环节；

——通过信息管理系统的集成，给出工作区在地震作用下的供气系统震害程度及空间分布。

8.6 通讯系统

8.6.1 工作区内的重要通讯建筑物、通讯设施和重要通讯设备，可按本节规定进行震害预测；乙级工作区可不做重要通讯设备的易损性分析。

8.6.2 专题数据资料的收集，应包括下列内容：

——重要通讯设备的名称、型号、生产厂家、重量、尺寸，固定情况、所在建筑物的总层数及所在楼层等资料；

——重要建筑物结构图纸、现状等资料；

——重要设施(通讯发射塔等)结构图纸、现状等资料；

——各重要通讯部门的服务范围。

8.6.3 易损性分析，可选用下列方法：

——可采用抗滑移和抗倾覆能力校核法分析通讯设备的易损性；

——可采用通讯系统功能失效分析方法分析功能影响场。

8.6.4 主要成果，应包括下列内容：

——重要通讯部门分布图；

——建筑物易损性分析结果；

——设施、设备易损性分析结果；

——通讯系统功能失效影响场分析结果；

——通讯系统抗震薄弱环节；

——通过信息管理系统的集成，给出工作区在地震作用下的通讯系统震害程度及空间分布。

9 地震次生灾害估计

9.1 基本规定

甲级和乙级工作宜进行次生火灾、毒气泄漏与扩散、爆炸、环境或放射性污染、水灾等灾害的估计，其中甲级工作有条件时可进行其他次生灾害的估计；丙级工作可不做此项工作。

9.2 专题数据调查

9.2.1 次生火灾宜对下列内容进行调查：

——易产生次生火灾的老旧民房集中区的范围；

——煤气站或天然气贮存与供应设施、液化石油气站的分布；

——大型油库、加油站的名称、易燃品贮量、位置；

——生产与贮存易燃品的工矿企业、易燃品仓库的名称、隶属关系、种类、数量；

——画出次生灾害源分布图。

9.2.2 对毒气泄漏与扩散、爆炸、环境或放射性污染等，应调查这些灾害源的分布、危险品的种类、贮量、环境污染源类型等，并给出分布图。

9.2.3 对次生水灾，应对工作区上游可能造成危害的大中型水库和附近的江河堤防进行下列调查：

——对大中型水库，应给出名称、建造年代、贮水量、水库大坝的坝高、设防烈度及发生次生水灾的主要隐患；

——对江河堤防，应给出建造年代、设防标准、河流的洪水期及发生次生水灾的主要隐患。

9.2.4 对其他次生灾害，可根据具体情况和要求进行相应的调查。

9.3 次生灾害危害性分级

9.3.1 在进行次生灾害危害性分析时，应对灾害源的危害性进行分级。

9.3.2 次生灾害的危害性可划分为三级：

——Ⅰ级，蔓延大片：即灾害影响大片区域；

——Ⅱ级，影响近邻：即灾害影响灾害源附近的空间环境；

——Ⅲ级，危及本体：即灾害影响仅限于灾害源自身。

9.4 典型次生灾害的模拟

——甲级工作宜选择典型的毒气泄漏与扩散、居民小区的火灾蔓延等次生灾害进行数值模拟，给出影响范围分析、人员伤亡估计等结果；

——乙级可不做此项工作。

9.5 主要成果表达方式

——各类次生灾害源调查与估计结果或信息表格；

——各类次生灾害源分布图；

——工作区防御主要次生灾害能力；

——防御地震次生灾害的对策；

——甲级工作宜给出典型次生灾害数值模拟和影响范围分析、人员伤亡估计结果与图件。

10 人员伤亡与经济损失估计

10.1 基本规定

10.1.1 人员生命损失估计应主要包括由地震造成的死亡、重伤与需安置人员数量的估计。

10.1.2 经济损失估计，应主要进行直接经济损失估计。

10.1.3 直接经济损失应包括由地震造成的建筑结构的破坏损失以及设备和室内财产损失。

10.2 专题数据调查

10.2.1 甲级和乙级工作应调查：

——工作区常住人口和流动人口数量、人均居住面积、城市各区的人口分布；

——主要经济指标，包括国民生产总值、国内生产总值、居民消费指数、基础建设投资等；

——房屋的平均重置造价及单位面积平均室内财产值。

10.2.2 丙级工作应调查：

——工作区常住人口和流动人口数量、人均居住面积、人口总数；

——有关经济方面的统计资料，包括国民生产总值、国内生产总值、人均年收入等。

10.3 人员生命损失估计

10.3.1 各级工作均应分别给出在不同地震强度下工作区白天和夜间的死亡、重伤及需安置人员的总数。

10.3.2 甲级和乙级工作均应给出以城市行政区或其他估计单元为单位的死亡、重伤、需安置人员的分布。

10.3.3 丙级工作应按估计单元给出人员生命损失估计。

10.4 经济损失估计

10.4.1 各级工作都应按不同的地震强度的条件下给出工作区的直接经济损失估计总值。

10.4.2 甲级和乙级工作应以城市行政区或其他估计单元为单位给出直接经济损失的分布估计。

10.4.3 丙级工作应以乡为估计单元给出直接经济损失估计。

10.4.4 条件具备的甲级工作区，可做间接经济损失估计。

10.5 根据地震动影响场分布及各类建筑物易损性矩阵，通过信息管理系统的集成，应给出工作区在地震作用下的人员生命损失和经济损失估计及空间分布。

10.6 主要成果，应包括下列内容：

——直接经济损失、人员伤亡、需安置人员估计方法，间接经济损失的估计方法；

——不同地震强度条件下死亡、重伤和需安置人员估计与分布结果；

——不同地震强度条件下建筑物结构、室内财产、生命线系统经济损失估计及其汇总结果；

——地震作用下建筑物结构、室内财产、生命线系统经济损失估计及其汇总结果；

——地震作用下死亡、重伤和需安置人员等估计结果。

11 防震减灾对策

11.1 基本规定

11.1.1 防震减灾对策的内容应包括震前预防对策和地震应急辅助对策。应按设防地震动与设定地震造成的严重灾害情况制定震前预防对策。应按预报的地震或已经发生的地震造成的灾害情况制定地震应急辅助对策。

11.1.2 甲级工作应完成本章规定的全部工作。乙级工作应完成本章第11.2.1~11.2.4，第11.3.1及11.3.2规定的工作。丙级可不做此项工作。

11.2 震前预防对策

11.2.1 确定建筑物与生命线工程系统的抗震薄弱环节，并可视薄弱程度分别提出抗震措施。

11.2.2 划定危旧房屋集中地段，提出优先改造方案。

11.2.3 确定高危害小区，分别提出主要防灾措施。

11.2.4 提出土地利用防灾规划建议，可划分为有利建设区、不利建设区、危险建设区三类。

11.2.5 提出避震安置场地的建议，可利用城市公园、绿地、广场、体育场、停车场、学校操场和其他空地；提出改善避震疏散条件方案。

11.2.6 提出治理次生灾害危险源措施，可包括搬迁严重次生灾害危险源、限制中等次生灾害危险源的发展、对一般次生灾害危险源加强防范等措施。

11.2.7 提出生命线工程系统的震时功能保障措施。

11.2.8 提出抗震救灾物资的储备计划，计划内容应包括储备物资的构成与数量，储备仓库的分布。

11.3 地震应急辅助决策

11.3.1 预测地震灾害损失，并接收与处理现场反馈信息，对预测结果进行修正。

11.3.2 确定应急工作规模，可划分为严重破坏性地震应急、一般破坏性地震应急、强有感地震应急等。

11.3.3 提出紧急处置措施，可包括出动消防队灭火、进入防洪戒备、开通备用通讯系统及其他保障城市安全的措施。

11.3.4 估算需求救援队伍的规模与构成，并拟定救援队伍部署方案。

11.3.5 估算需求医疗救护力量的规模与构成，并拟定医疗救护力量配置方案。

11.3.6 估算需求救灾物资的规模与构成，并拟定救灾物资调运与分配方案。

12 信息管理系统

12.1 基本规定

甲级和乙级工作区都应建立信息管理系统，应充分利用或参考有关行业的相关技术成果。丙级工作区的信息管理系统可归属在甲级或乙级工作区内一并完成。

12.2 信息管理系统结构

12.2.1 系统层次结构

地震灾害预测及其信息管理系统应由基础层、专题层和综合层组成。

——基础层，可包括地理信息数据及与系统有关的专题数据，并建立共享的基础数据库；

——专题层，可包括工作区地震环境、场地影响和地震地质灾害估计、建筑物震害预测、生命线工程震害预测、地震次生灾害估计和人员伤亡与经济损失估计子系统等；

——综合层，可包括地震灾害综合信息、震前预防对策和地震应急辅助决策子系统等。

12.2.2 **系统配置方案**

12.2.2.1 甲级和乙级工作区系统

——宜采用客户/服务器结构(或采用浏览器/服务器结构，即B/S的结构)，客户机和服务器可选用通用的计算机及外部设备；

——宜建立网络化的地震灾害预测及其信息管理系统，可构成一个局域网或广域网乃至与因特网相连接；

——宜建立适应客户/服务器结构(或浏览器/服务器结构)的基础数据库系统，乙级工作区的一般城市可建立单用户的基础数据库系统；

——应选用满足地震灾害预测需要的地理信息系统(GIS)基础软件，并应满足如下功能：

1）GIS软件与所选用的硬软件设备之间的兼容性；

2）应能与所选数据库管理系统有机连接；

3）应具有数据输入与转换、图形与文本编辑、数据存贮与管理、空间查询与分析、数据输出与表达等基本功能，以及高性能的运行效率；

4）应提供先进的开发工具和良好的开发环境；

5）应具有良好的开放性、兼容性，与其他系统空间数据的可交换性；

6）应能支持汉字系统，版本的升级和良好的售后服务；

7）应能支持中国地球空间数据交换格式；

8）应具有较强的技术力量支持，并有一个较大的用户群体；

9）可具有多媒体数据处理能力，能对声音、动画、影视信息进行播放和处理。

12.2.2.2 丙级工作区系统可归属于甲级或乙级工作区统一配置。

12.3 **基础数据库数据组织**

12.3.1 **数据分类**

——地理信息数据，应包括基础地形图、基础地理图和专题地图数据；

——专题数据，应包括各类专题资料和结果表达数据；

——法规文档数据，应包括国家、省(市)、地(市)、县(市)政府和地震部门的有关法规及文件数据等；

——多媒体数据，可包括介绍城镇总体概貌、典型或重要建筑物的图片、影像资料数据。

12.3.2 **数据编码**

12.3.2.1 **地理信息数据**

——基础地形图数据可采用线分类法，根据分类编码通用原则，基础地形图数据分类编码宜采用10位分类编码，用十进制数字表示。基础地形图数据分类代码结构可参见附录B；

——基础地理图数据可依据原提供单位的分类编码；

——专题地图数据可参考基础地形图数据分类编码，并根据各专题分析工作的实际需要进行分类编码。

12.3.2.2 **建筑物调查数据**

重要建筑物调查数据分类编码宜采用11位数字码，一般建筑物调查数据分类编码宜采用13位数字码，用十进制数字表示。建筑物调查数据代码结构可参见附录C。

12.3.2.3 **基础资料数据格式**

本标准基础资料数据应包括地理特征属性数据、各类调查数据、专题结果表达数据和多媒体数据。数据记录表结构见表1。

表1 基础资料数据记录表结构

序号	字段中文描述	字段英文描述	字段名	字段类型	字段长度	能否空	说明

12.3.3 数据组织

12.3.3.1 地理信息数据分层

—— 按照 12.3.2.1 的要求，参照国标 GB/T 17160 — 1997，宜将基础地形图数据分为八个大类，并根据各类工作区实际需要，将每个大类数据分为若干层；
—— 基础地理图数据可依据原提供单位的分层；
—— 专题地图数据可参照基础地形图数据分层，并根据各专题分析工作的实际需要进行分层。

12.3.3.2 基础数据组织

应将各类基础数据进行统一管理，建立的基础数据库系统应包括地理信息数据库（地理空间数据库）和基础资料数据库。

12.3.3.3 数据分类与命名

为保证数据的有效存贮和高效检索，可对数据进行分类、命名和存贮。数据分类与命名可参见附录 D。

12.4 信息管理系统开发

系统开发按照时间序列可分为 5 个阶段：系统规划、系统分析、系统设计、系统实施、系统维护与管理：

—— 系统规划：通过调查城市防震减灾工作的现状和需求，总结现行系统的经验和教训，从技术上、经济上和社会效益上进行可行性分析，提出可行性研究报告；
—— 系统分析：提出系统开发的基本思路和工作流程，实现用户要求的目标，编写出项目设计任务书；
—— 系统设计：将系统划分成子系统或功能模块，构成系统总体结构图，并为各个子系统选择适宜的技术手段和处理方法进行设计；
—— 系统实施：在系统设计的指导下，按照总体设计和子系统设计方案确定的目标和内容，分步完成系统的开发任务；
—— 系统维护与管理：收集、记录并解决实际运行过程中系统出现的问题，及时评价系统性能。

12.5 信息管理系统功能

在地理信息系统平台上建立的地震灾害预测及其信息管理系统，震时可为政府和地震部门提供快速评估、应急救灾等辅助决策的信息和决策依据；平时也可为防御其他灾害，城市科学化管理和相关行业提供基础资料信息服务。

12.5.1 基础数据库功能

基础数据库应具有文件管理、结构管理、数据管理、数据查询、报表设计和数据字典等功能。

12.5.2 基本信息服务

12.5.2.1 应具有显示基础地形图、专题地图的图形信息，图形要素的空间位置，以及不同图层的图形任意组合显示，并用不同的颜色区分。

12.5.2.2 应具有实现图形查询、属性查询和属性与图形相结合的交互查询功能。

12.5.2.3 应具有在图形上添加或删除空间信息(如建筑物)，对图形对应的数据进行属性项值修改等编辑功能。

12.5.2.4 应具有空间分析和图形缩放等功能，还应具有一定的网络分析能力。

12.5.2.5 应提供多种形式的统计方式，并按用户要求输出多种类型的报表和图表。

12.5.2.6 应能根据用户需要输出各种基础地理图、专题地图和综合图，也可将当前图形区内或查询结果的属性数据列表输出。

12.5.2.7 应提供地震灾害预测结果实时修改的功能。

12.5.3 地震影响场分析处理

对工作区的地震环境、场地影响和地震地质灾害分析结果，应能用电子地图显示或打印输出专题图，并应提供下列主要图件：

——工作区内场地地震动参数分区图；

——工作区内场地地震烈度图；

——工作区内地震地质灾害小区划图，表达方式上除了平面图之外，宜以必要的柱状图与剖面图辅助说明；

——工作区内场地类别小区划图。

12.5.4 地震破坏分析

对地震灾害破坏情况进行分析处理，应能在电子地图上显示输出分析结果，并应包括下列主要内容：

——应提供工作区建筑物的概况、类型、数量、建筑面积等资料数据；

——给出工作区在设定地震或设防地震动参数作用下的建筑物震害程度及空间分布图；

——交通系统平面布置图；

——给出工作区在设定地震或设防地震动参数作用下的交通系统震害程度及空间分布图；

——电力系统网络分布图；

——给出工作区在设定地震或设防地震动参数作用下的供电系统震害程度及空间分布图；

——供水系统平面布置图；

——给出工作区在设定地震或设防地震动参数作用下的供水系统震害程度及空间分布图；

——供气系统平面布置图；

——给出工作区在设定地震或设防地震动参数作用下的供气系统震害程度及空间分布图；

——通讯系统平面布置图；

——给出工作区在设定地震或设防地震动参数作用下的通信系统震害程度及空间分布图。

12.5.5 地震次生灾害估计

根据地震次生灾害估计结果，甲级工作区可具有火灾高发区分析、防御次生火灾能力分析、毒气泄漏与扩散分析、防御次生水灾(淹没)分析等功能；乙级工作区可具有毒气泄漏与扩散分析等功能；宜用电子地图动态显示分析结果，还应提供以下主要成果和图件：

——各类次生灾害源调查与估计结果或信息表格；

——各类次生灾害源分布图；

——典型次生灾害数值模拟结果与显示；

——典型次生灾害影响范围分析与图件。

12.5.6 地震灾害损失估计

地震灾害损失估计结果，对地震造成的经济损失和人员伤亡进行估计，并应生成电子统计图表。应提供以下主要内容：

——不同地震强度条件下死亡、重伤和需安置人员估计结果；

——不同地震强度条件下死亡、重伤和需安置人员分布估计结果；

——不同地震强度条件下建筑物结构、室内财产、生命线系统经济损失估计及其汇总结果；

——设定地震或设防地震动参数作用下建筑物结构、室内财产、生命线系统经济损失预测及其汇总结果；

——提供经济损失实时修改功能。

12.5.7 地震对策辅助分析

根据地震灾害预测结果、防震减灾对策和有关地震应急条例及预案，并结合甲级和乙级工作区政府的需求，应在GIS平台上为抗震救灾提供以下功能：

12.5.7.1 地震灾害综合信息

——地震灾害快速预测结果与图形显示，包括地震灾害影响场、灾区范围、灾区内建筑物和生命线工程的破坏程度、人员伤亡、经济损失；

——地震应急救灾规模判别，是严重破坏性地震、一般破坏性地震，还是强有感地震；

——地震高危害小区分布图。

12.5.7.2 震时应急辅助决策分析

甲级工作区可具有以下全部功能，乙级工作区可选择其中部分功能。

——可根据震时的震情与灾情，迅速提出紧急处置对策方案，包括切断煤气、防止毒气泄漏、出动消防队灭火、进入防洪戒备、开通备用通讯系统等；

——可根据震时的震情与灾情，估计救援力量需求的数量与构成，提出救援力量配置方案；

——可根据震时疏散人数、场地位置和道路状态制定人员撤离、疏散和安置方案以及提供疏散场的临时选择方案，疏散场地所需物资的数量等相关的信息；

——可根据震时伤员人数、医院位置和救护能力、道路状态等，制定医疗救护方案；

——可根据震时需要救灾的人数、物资供应点和道路状态，制定物资供应方案；

——可根据震时生命线工程功能失效分析，制定生命线工程功能保障方案。

12.6 信息管理系统技术文件

甲级与乙级工作区，可根据需要确定系统各项技术文件和内容。各技术文件内容参见GB/T 8567—1988。

附 录 A
（资料性附录）
建筑物普查表

表 A.1 建筑物普查表

编 号		单位(街道)			
建造年代		建筑面积		层 数	
建筑高度		宽 度		用 途	
结构类型		平、立面	规则 不规则	设防标准	
结构现状	完好 开裂 腐蚀 歪闪 变形 不均匀沉陷				
其他说明					

附 录 B
(规范性附录)
基础地形图数据分类代码结构

B.1 基础地形图数据分类代码

基础地形图数据分类代码结构如下:

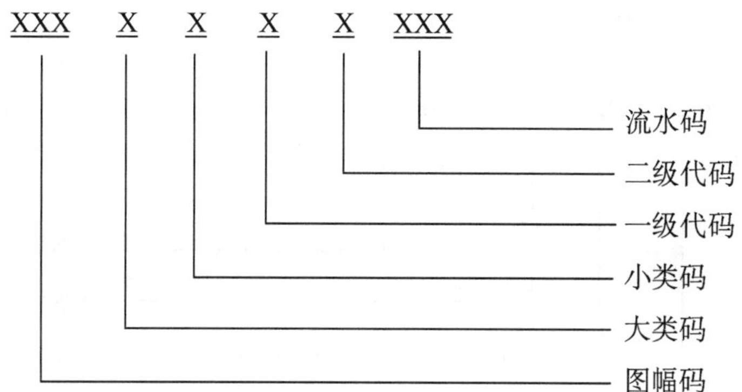

B.2 图幅号

图幅号是系统为每一幅地图编的序号。

B.3 大类码

本标准中将地形要素分为八个大类(见表 B.1)。

表 B.1 基础地形图要素大类代码表

大类代码	名　称	大类代码	名　称
1	控制点、内图廓、方里网	5	生命线工程管线
2	居民地	6	水系及附属设施
3	特殊地点、次生灾害、对策资料	7	境界
4	交通及附属设施	8	地貌

B.4 小类码

根据大类中的具体内容来确定小类，如交通类可分成小类：铁路、公路、渡口及码头等。

B.5 一级代码

根据小类中的具体内容来确定一级代码，如公路小类还可分成一级代码：高速公路、等级公路和其他道路等。

B.6 二级代码

根据一级代码中的具体内容来确定二级代码，如等级公路一级代码中还可分成二级代码：一级公路、二级公路和三级公路等。

B.7 流水码

为每一图层中的各个地图特征编的顺序码。如对一幅地形图中的河流层，为这幅图中的每条河流从 001 开始顺序编码。

附 录 C
(规范性附录)
建筑物调查数据代码结构

C.1 重要建筑物调查数据代码

重要建筑物调查数据代码结构如下：

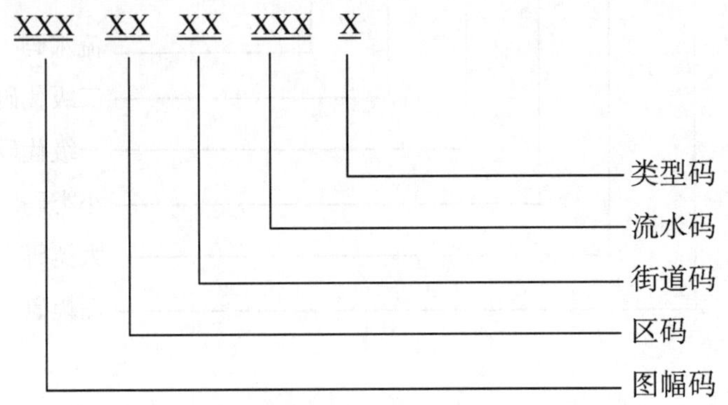

C.1.1 图幅号

图幅号是系统为每一幅地形图编的序号。

C.1.2 区码

市辖各行政区或县(市)代码。

C.1.3 街道码

行政区管辖的街道办事处代码。

C.1.4 流水码

对建筑物实体逐个进行标识的代码。

C.1.5 类型码

调查建筑物结构分类代码(见表C.1)。

表C.1 建筑物结构分类代码表

代 码	名 称
1	多层砌体房屋
2	多层钢筋混凝土房屋
3	高层建筑
4	单层民宅
5	其他类别

C.2 一般建筑物调查数据代码

一般建筑物调查数据代码结构如下：

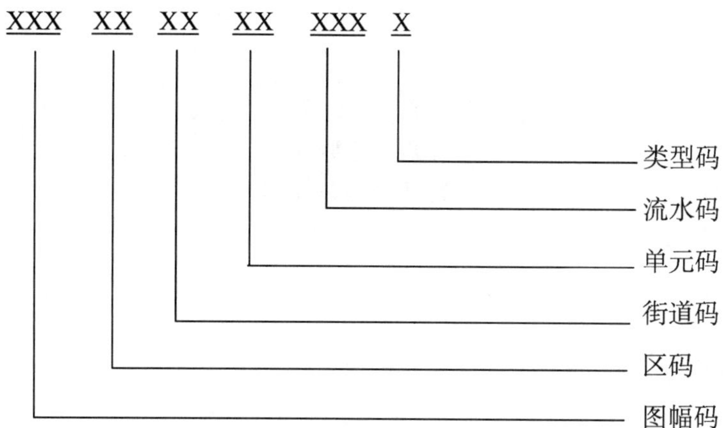

C.2.1 单元码

单元码是对建筑物做群体震害预测时划分的单元个数。

附　录　D
（规范性附录）
数据分类与命名

D.1　数据的分类

数据分类对照表见表 D.1 和表 D.2。

表 D.1　数据大类代码表

序号	数据类型	大类代码	说明
1	地理空间数据	DK	
2	地理特征属性数据	DS	细分为表 D.2
3	建筑物震害预测数据	JZ	
4	生命线工程系统震害预测	SZ	
5	地震次生灾害损失估计数据	DC	
6	人员伤亡与经济损失估计数据	RJ	
7	城市基本概况数据	CJ	
8	系统资料自述文件及属性编码数据	XZ	
9	地震目录、震害矩阵数据	MU	
10	地震灾害预测模板数据	ZH	

表 D.2　地理空间（特征属性）数据次类代码表

序号	数据类型	次类代码	说明
1	地形图及行政区划数据	DX	
2	生命线工程系统数据	SM	
3	地震次生灾害源数据	CS	
4	对策用数据	DC	
5	地质、地貌及地震工程数据	DZ	
6	专题地图数据	ZT	

D.2　命名规则

命名的原则是能从文件名字（属性数据表表名或图层层名）中反映数据的类别信息（大类、图件和层等）。

D.2.1　图层的命名

图层的命名可采用 8 个字符，结构如下：

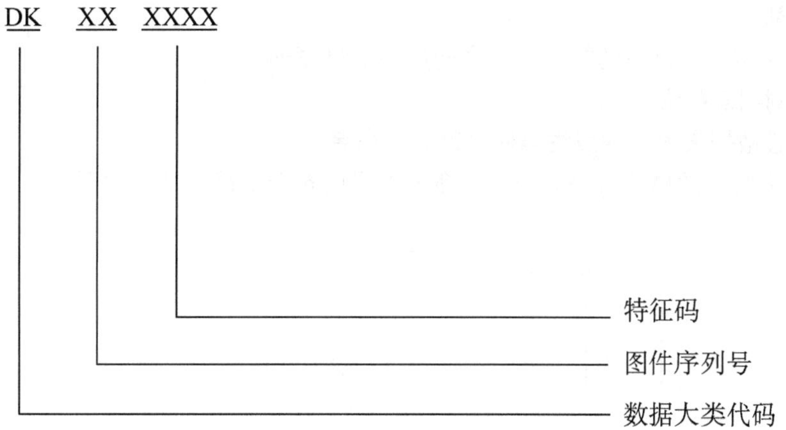

D.2.1.1 数据大类代码

数据大类代码见表 D.1。

D.2.1.2 图件序列号

本系统中的各种图件按分类进行编码的序号。

D.2.1.3 特征码

附录 B 中的大类、小类码，一级、二级代码的 4 位组合码。

D.2.2 地理特征属性数据表命名

地理特征属性数据表的命名可采用 9 个字符，结构如下：

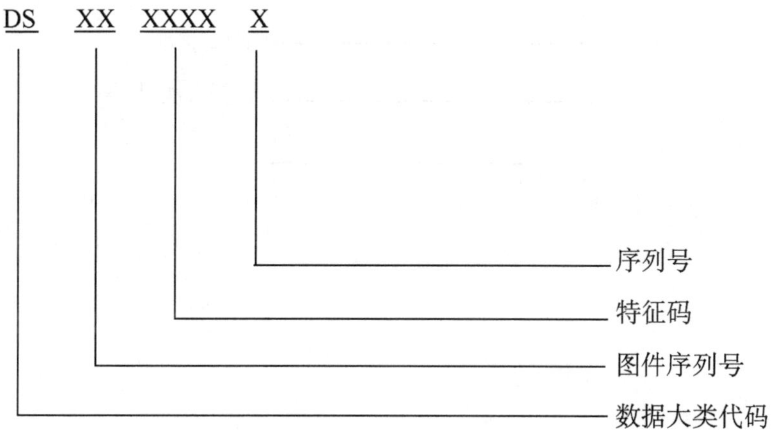

D.2.2.1 序列号

图层与地理特征属性数据可能是一对多关系(1∶n)。若是一对一，则序列号为 1；否则按顺序从 1 开始编号。

D.2.3 其他大类数据表的命名

其他大类数据表的命名可采用 8 个字符，结构如下：

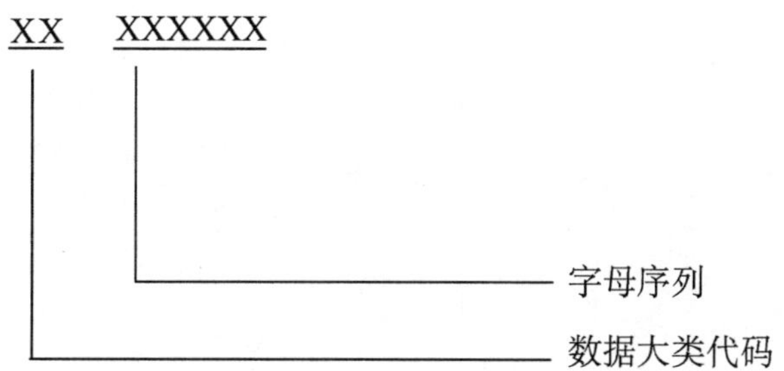

D.2.3.1 字母序列

以数据表表名中每一个汉字的第一个拼音构成的字母序列。

D.2.4 属性编码对照表的命名

D.2.4.1 特征属性数据表对应的属性编码对照表的命名

特征属性数据表对应的属性编码对照表的命名可采用6个字符，结构如下：

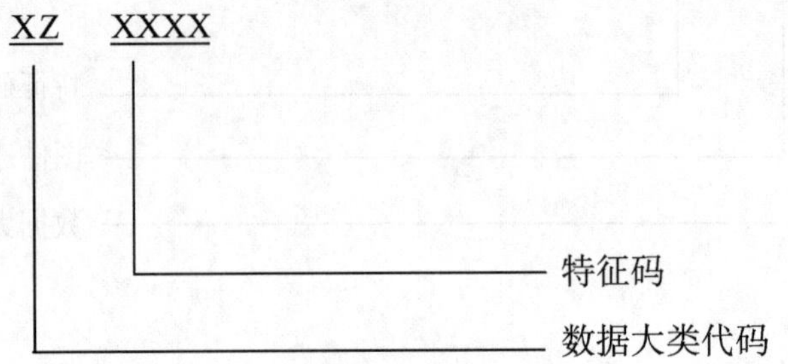

D.2.4.2 其他大类数据表对应的属性编码对照表的命名

其他大类数据表对应的属性编码对照表的命名可采用8个字符，结构如下：

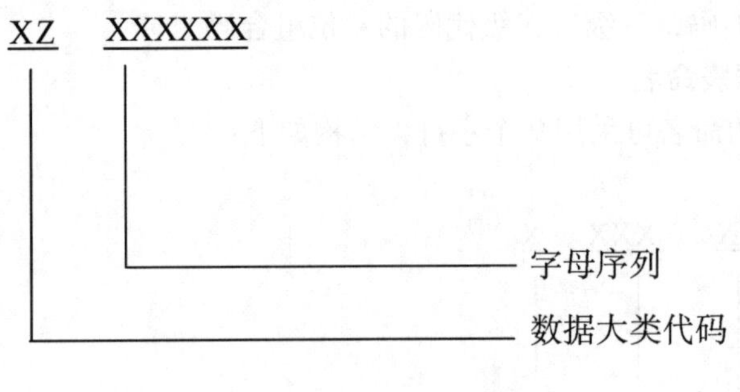

ICS 91.120.25
P 15

中华人民共和国国家标准

GB/T 19531.1—2004

地震台站观测环境技术要求 第1部分:测震

Technical requirement for observational environment of seismic stations—Part 1: Seismometry

2004-06-21 发布　　2004-09-01 实施

中华人民共和国国家质量监督检验检疫总局
中国国家标准化管理委员会　发布

前　言

GB/T 19531《地震台站观测环境技术要求》分为以下几个部分：

——第1部分：测震；

——第2部分：电磁观测；

——第3部分：地壳形变观测；

——第4部分：地下流体观测。

本部分为GB/T 19531的第1部分。

本部分的附录A、附录B、附录C为规范性附录。

本部分由中国地震局提出。

本部分由全国地震标准化技术委员会(SAC/TC 225)归口。

本部分起草单位：中国地震局地球物理研究所、云南省地震局、中国地震局地震信息中心、中国地震局分析预报中心。

本部分主要起草人：杨建思、黄媛、徐智强、姜旭东、童汪练、赵仲和、冯义钧、薛兵、张东宁、吴忠良、刘瑞丰。

引　言

我国是世界上多地震的国家，也是蒙受地震灾害最为深重的国家之一。减轻地震灾害，是保障社会经济持续、快速、稳定发展和人民生命财产安全的重要措施。

地震台站是获取多种学科观测数据的基地，而确保这些数据的质量和连续性是减轻地震灾害最基础的工作。

制定 GB/T 19531 的目的是向社会各方面提供保护地震台站观测环境的技术依据和规范地震台站选址，依据是《中华人民共和国防震减灾法》第十四条和第十五条。

本部分通过对中国大陆现有数字地震台站实际观测数据统计计算和分析得到中国大陆不同地区背景地噪声，并由此提出中国大陆背景地噪声分区和地震台站测震环境地噪声等级划分，根据各类地震仪特性和用途对背景地噪声各分区提出地震台站测震环境地噪声要求；通过实际野外观测实验、数据对比分析、国际和国内同类工作的实验和观测结果得到铁路、公路、机场、重型机械厂和火力发电厂、矿山和采石厂、水库和湖泊、海洋、输油管线、江河和瀑布、高大建筑物、低建筑物和高大树木以及高围栏和低树木等与地震台站地震计安放位置之间的最小距离。

地震台站观测环境技术要求
第1部分：测震

1 范围

本部分规定了地震台站测震观测环境的技术指标、地震计安放位置与主要干扰源之间的最小距离要求和相应的测试与计算方法。

本部分适用于地震台站的选址和观测环境的保护与管理。

2 规范性引用文件

下列文件中的条款通过 GB/T 19531 的本部分的引用而成为本部分的条款。凡是注日期的引用文件，其随后所有的修改单(不包括勘误的内容)或修订版均不适用于本部分，然而，鼓励根据本部分达成协议的各方研究是否可使用这些文件的最新版本。凡是不注日期的引用文件，其最新版本适用于本部分。

GB/T 3241 — 1998　倍频程和分数倍频程滤波器

GB/T 10084 — 1988　振动、冲击数据分析和表示方法

3 术语、定义和符号

3.1 术语和定义

下列术语和定义适用于本部分。

3.1.1

地噪声　ground noise

地面的物理运动。

3.1.2

地噪声水平　ground noise level

地面运动速度记录的功率谱密度(*PSD*)在 1 Hz ~ 20 Hz 频带范围的均方根(*rms*)值。

3.1.3

背景地噪声　background ground noise

大区域范围的平均正常地噪声。

3.1.4

环境地噪声　environment ground noise

具体地点的地噪声，它是背景地噪声和其他干扰地噪声的总和。

3.1.5

短周期地震仪　short period seismograph

工作频带的低频端在 0.5 Hz ~ 1 Hz 内，交频端在 20 Hz 或 20 Hz 以上的地震仪。

3.1.6

宽频带地震仪　broadband seismograph

工作频带的低频端在 0.01 Hz ~ 0.05 Hz 内，高频端在 20 Hz 或 20 Hz 以上的地震仪。

3.1.7

甚宽带地震仪　very broadband seismograph

工作频带的低频端在0.003 Hz～0.01 Hz内，高频端在20 Hz或20 Hz以上的地震仪。

3.1.8

井下地震仪 bore hole seismograph

将地震计或将地震计和数据采集器安装在地下钻井中进行地震观测的专用地震仪。

3.2 符号

下列符号适用于本部分。

Enl—— 环境地噪声水平；

Enl_{dB}—— 用分贝数表示的环境地噪声水平；

P_a—— 地面运动加速度功率谱密度；

P_v—— 地面运动速度功率谱密度。

4 环境地噪声水平

4.1 环境地噪声水平计算

使用速度型或加速度型地震仪在地震计安放台基处或准备安放地震计台基处观测并记录地噪声，按附录A的规定，计算环境地噪声水平Enl。

4.2 环境地噪声水平等级划分

环境地噪声水平分为五级：

—— Ⅰ级环境地噪声水平：$Enl < 3.16\times10^{-8}$ m/s；

—— Ⅱ级环境地噪声水平：3.16×10^{-8} m/s$\leqslant Enl < 1.00\times10^{-7}$ m/s；

—— Ⅲ级环境地噪声水平：1.00×10^{-7} m/s$\leqslant Enl < 3.16\times10^{-7}$ m/s；

—— Ⅳ级环境地噪声水平：3.16×10^{-7} m/s$\leqslant Enl < 1.00\times10^{-6}$ m/s；

—— Ⅴ级环境地噪声水平：1.00×10^{-6} m/s$\leqslant Enl < 3.16\times10^{-6}$ m/s。

上述环境地噪声水平等级用分贝数表示为：

—— Ⅰ级环境地噪声水平：$Enl_{dB} < -150$ dB；

—— Ⅱ级环境地噪声水平：-150 dB$\leqslant Enl_{dB} < -140$ dB；

—— Ⅲ级环境地噪声水平：-140 dB$\leqslant Enl_{dB} < -130$ dB；

—— Ⅳ级环境地噪声水平：-130 dB$\leqslant Enl_{dB} < -120$ dB；

—— Ⅴ级环境地噪声水平：-120 dB$\leqslant Enl_{dB} < -110$ dB。

4.3 各类台站观测环境地噪声水平要求

4.3.1 一般规定

4.3.1.1 环境地噪声在拟安装地震仪的工作频带范围内应满足附录B中的NHNM和NLNM模型，并且环境地噪声水平Enl应满足4.3.2、4.3.3和4.3.4的规定。

4.3.1.2 对于井下台站，地震计所安放位置的环境地噪声水平应符合相应地噪声背景分区的该类型地震计的观测环境地噪声水平的要求。背景地噪声区域见附录C。

4.3.1.3 同时具有两种以上测震仪的台站，环境地噪声水平应符合台站所具有的全部地震仪的最优环境地噪声水平要求。

4.3.2 短周期数字台站

安放短周期数字地震仪的台站，环境地噪声水平在各类地区应符合下列要求：

—— A类地区：应不大于Ⅱ级环境地噪声水平，即$Enl_{dB} < -140$ dB；

—— B类地区：应不大于Ⅲ级环境地噪声水平，即$Enl_{dB} < -130$ dB；

—— C类地区：应不大于Ⅲ级环境地噪声水平，即$Enl_{dB} < -130$ dB；

—— D类地区：应不大于Ⅳ级环境地噪声水平，即$Enl_{dB} < -120$ dB；

—— E类地区：应不大于Ⅴ级环境地噪声水平，即$Enl_{dB} < -110$ dB。

4.3.3 宽频带数字台站

安放宽频带数字地震仪的台站，环境地噪声水平在各类地区应符合下列要求：

——A 类地区：应不大于Ⅱ级环境地噪声水平，即 $Enl_{dB} < -140$ dB；

——B 类地区：应不大于Ⅱ级环境地噪声水平，即 $Enl_{dB} < -140$ dB；

——C 类地区：应不大于Ⅲ级环境地噪声水平，即 $Enl_{dB} < -130$ dB；

——D 类地区：应不大于Ⅲ级环境地噪声水平，即 $Enl_{dB} < -130$ dB；

——E 类地区：应不大于Ⅳ级环境地噪声水平，即 $Enl_{dB} < -120$ dB。

4.3.4 甚宽频带数字台站

安放甚宽频带数字地震仪的台站，环境地噪声水平在各类地区应符合下列要求：

——A 类地区：应不大于Ⅰ级环境地噪声水平，即 $Enl_{dB} < -150$ dB；

——B 类地区：应不大于Ⅰ级环境地噪声水平，即 $Enl_{dB} < -150$ dB；

——C 类地区：应不大于Ⅱ级环境地噪声水平，即 $Enl_{dB} < -140$ dB；

——D 类地区：应不大于Ⅱ级环境地噪声水平，即 $Enl_{dB} < -140$ dB；

——E 类地区：应不大于Ⅲ级环境地噪声水平，即 $Enl_{dB} < -130$ dB。

5 地震计安放位置与主要干扰源之间的最小距离

地震计安放位置与干扰源之间的最小距离应符合表 1 的要求。

表 1 地震计安放位置与干扰源之间的最小距离

干扰源	最小距离 km		最小距离比例系数			
	Ⅱ级环境地噪声台站		其他级别环境地噪声台站			
	硬土和砂砾土	基岩	Ⅰ	Ⅲ	Ⅳ	Ⅴ
Ⅲ级(含Ⅲ级)以上铁路	2.00	2.50	2.00	0.80	0.60	0.40
县级以上(含县级)公路	1.30	1.70	2.00	0.80	0.60	0.40
飞机场	3.00	5.00	2.00	0.80	0.60	0.40
大型水库、湖泊	10.00	15.00	3.00	0.10	0.04	0.02
海浪	20.00	20.00	8.00	0.20	0.10	0.05
采石场、矿山	2.50	3.00	2.00	0.80	0.60	0.40
重型机械厂、岩石破碎机、火力发电站、水泥厂	2.50	3.00	2.00	0.80	0.60	0.40
一般工厂、较大村落、旅游景点	0.40	0.40	2.00	0.80	0.60	0.40
大河流、江、瀑布	2.50	3.00	4.00	0.60	0.40	0.20
大型输油输气管道	10.00	10.00	2.00	0.60	0.40	0.20
14 层(含)以上的高大建筑物	0.20	0.20	2.00	0.50	0.30	0.10
6 层以下(含 6 层)低建筑物、高大树木	0.03	0.04	2.00	0.80	0.60	0.40
高围栏、低树木、高灌木	0.02	0.03	2.00	0.80	0.60	0.40

注 1：N 级台站与干扰源之间最小距离 = Ⅱ级台站与干扰源之间最小距离 × N 级台站最小距离比例系数；

注 2：大型水库、湖泊：指库容量 ≥ $1 \times 10^{10} m^3$ 的水库、湖泊；

注 3：重型机械厂：指有大型机械、往复运动机械的工厂；

注 4：一般工厂：不产生明显振动感的工厂；

注 5：地震台站与 7～13 层建筑物的最小距离根据地震台站与 6 层和 14 层建筑物的最小距离按层数内插。

附　录　A
（规范性附录）
地震台站测震观测环境地噪声观测与计算方法

A.1　基本原理

由美国USGS（美国地质调查局）的J. Peterson及其所领导的研究小组，观测和研究了全世界各地正常地球噪声，得到了新的全球公认的地球正常噪声新模型（Peterson，1993），包括地球高噪声新模型（NHNM-new high noise model）和地球低噪声新模型（NLNM-new low noise model）。正常地噪声水平在高噪声模型（NHNM）和低噪声模型（NLNM）之间（见图A.1）。图A.1是Peterson用全球范围75个不同地点的地面运动加速度的功率谱密度曲线集，由它的包络得到地球正常噪声模型。

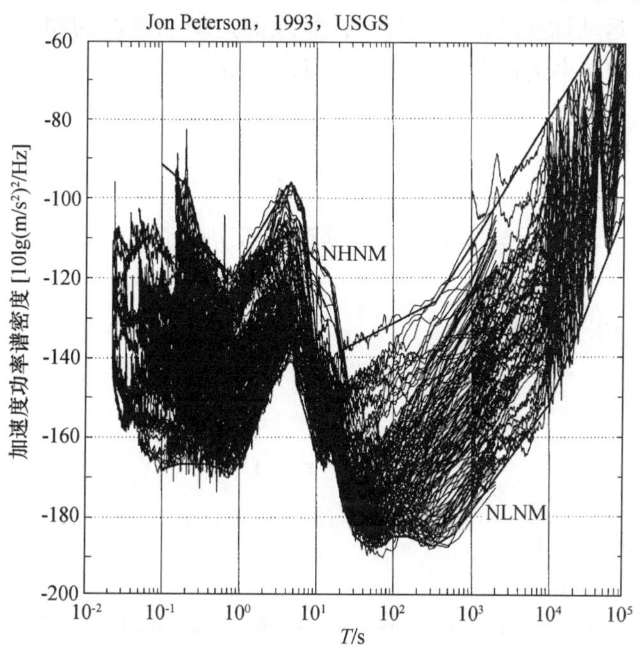

图A.1　地球噪声模型（Peterson，1993）

地噪声是随机振动过程，采用GB/T 10084 — 1988中7.3.2.1规定的自功率谱密度函数表示。这种表示方法与地球噪声模型的表示法一致。

对于观测的地面运动速度记录，计算其自功率谱密度（*PSD*），并根据GB/T 3241 — 1998规定用1/3倍频程滤波器在1Hz～20Hz观测频带范围内由功率谱密度*PSD*按公式A.1计算*rms*值，即地噪声水平。

一个台站的环境地噪声是随时间变化的，用台站的平均地噪声水平表示台站的环境地噪声水平。

通过统计中国大陆地震台站测震环境地噪声水平，划分环境地噪声水平等级（见4.2）；通过全国测震观测环境地噪声水平的空间分布，得到中国大陆背景地噪声区域划分表（见附录C）。

A.2　观测设备

在观测地动噪声时应选用工作频带包含0.05 Hz～20 Hz的宽频带数字地震仪。对有特殊要求的长周期观测台基的勘选，应选用甚宽频带地震仪作为选址噪声观测仪器。对用于台基选择的地震仪要求

其自身噪声低于 1×10^{-8} m/s，灵敏度高于 4.0×10^{8} count/(m/s)(例如：地震计的电压灵敏度应大于 800 V · s/m，数据采集器的电压转换灵敏度应大于等于 1.907 μV/count)。采样率应等于或高于 50 点每秒。

A.3 观测方法

将选用的宽频带数字地震仪安装到拟测试的台站仪器墩位置或拟建的台站位置，进行系统校准后逐步试记，认为可用后，连续观测 48 h。

A.4 测试结果的分析与处理

对 48 h 数据，抽取白天和晚上各 4 h 的噪声记录数据，按照 GB/T 10084 — 1988 的规定分别计算各小时的功率谱密度 *PSD*，根据 GB/T 3241 — 1998 规定用 1/3 倍频程滤波器在 1 Hz ~ 20 Hz 频带范围内，按式 A.1 由 *PSD* 计算 *rms* 值，取白天和晚上的 *rms* 平均值。如果噪声记录是地面运动速度记录，则计算结果得到的就是环境地噪声水平 *Enl*。

如果噪声记录是地面运动加速度记录，直接计算地面运动加速度的功率谱密度 P_a，并由 P_a 按式 A.4 转换为地面运动速度的功率谱密度 P_v，再由 P_v 计算 *Enl*。

A.5 计算和转换公式

rms 值计算：

$$rms = \sqrt{2PSD \cdot f_0 \cdot RBW} \qquad \text{(A.1)}$$

式中：

f_0 —— 分度倍频程中心频率；

RBW —— 相对带宽。

相对带宽 *RBW* 计算：

$$RBW = (f_u - f_1)/f_0 \qquad \text{(A.2)}$$

式中：

f_u—— 分度倍频程上限频率；

f_1—— 分度倍频程下限频率。

式 A.1 和式 A.2 中 f_0、f_u 和 f_1 按 GB/T 3241 — 1998 的规定确定。

分贝转换：

$$P_a[\text{dB}] = 10\lg(P_a/1(\text{m/s}^2)^2/\text{Hz}) \qquad \text{(A.3)}$$

$$P_v[\text{dB}] = P_a[\text{dB}] + 20\lg(T/2\pi) \qquad \text{(A.4)}$$

式中：

P_a [dB] —— 加速度功率谱分贝数(采用相对于 $1(\text{m/s}^2)^2/\text{Hz}$ 的分贝表示法)；

P_v [dB] —— 速度功率谱分贝数(采用相对于 $1(\text{m/s})^2/\text{Hz}$ 的分贝表示法)；

T —— 相应于 P 处的频率倒数，即 $T=1/f$，单位为秒(s)。

A.6 测试结果计算程序

测试结果的计算程序应满足 GB/T 10084 — 1988 和 GB/T 3241 — 1998 功率谱密度计算程序的规定。

附 录 B
（规范性附录）
地球正常噪声模型

本部分直接引用了由美国 USGS 的 J. Peterson 及其所领导的研究小组，观测和研究的全世界各地正常地球噪声得到的地球高噪声新模型 NHNM 和地球低噪声新模型 NLNM（图 B.1）。为了使速度记录的功率谱密度函数直接使用，将 J. Peterson 公布的原始 NHNM 和 NLNM 的曲线变化点值按照附录 A 中式 A.3 换算成用速度功率谱密度表示的高噪声新模型和低噪声新模型（表 B.1）。

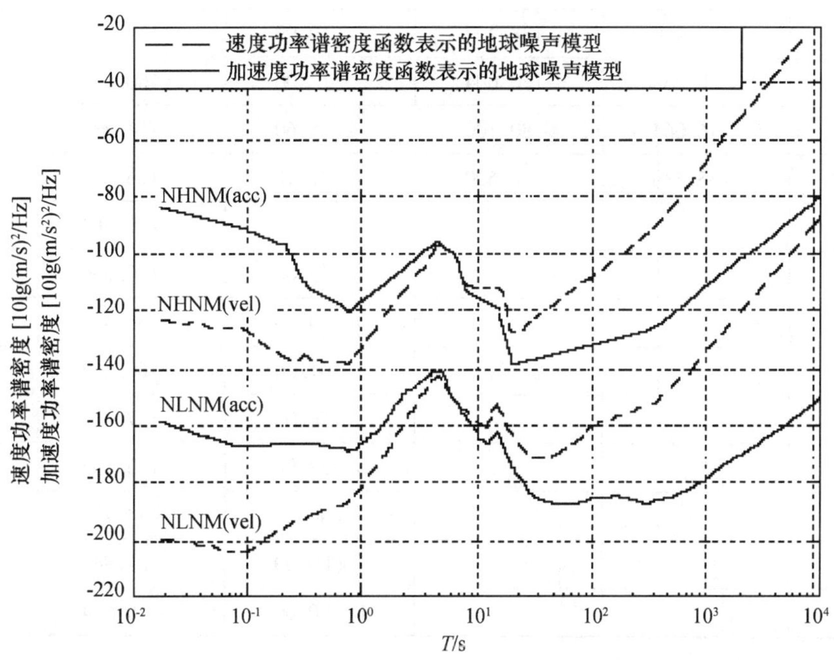

图 B.1 地球高噪声模型（NHNM）和低噪声模型（NLNM）

表 B.1 用速度功率谱密度表示的高噪声和低噪声新模型

地球高噪声模型（NHNM）			地球低噪声模型（NLNM）		
周期 T/s	速度功率谱密度 P_v/dB	加速度功率谱密度 P_a/dB	周期 T/s	速度功率谱密度 P_v/dB	加速度功率谱密度 P_a/dB
0.10	−127.463	−91.500	0.10	−203.963	−168.000
0.22	−136.520	−97.405	0.17	−198.054	−166.700
0.32	−136.358	−110.498	0.40	−190.619	−166.697
0.80	−137.903	−120.001	0.80	−187.103	−169.201
3.80	−102.366	−97.998	1.24	−177.792	−163.697

表 B.1(续)

地球高噪声模型(NHNM)			地球低噪声模型(NLNM)		
周期 T/s	速度功率谱密度 P_v/dB	加速度功率谱密度 P_a/dB	周期 T/s	速度功率谱密度 P_v/dB	加速度功率谱密度 P_a/dB
4.60	-99.206	-96.498	2.40	-157.005	-148.646
6.30	-100.999	-101.000	4.30	-144.394	-141.100
7.90	-111.506	-113.495	5.00	-143.080	-141.096
15.40	-112.215	-120.002	6.00	-149.399	-148.999
20.00	-128.440	-138.497	10.00	-159.713	-163.750
354.80	-90.968	-126.004	12.00	-160.627	-166.247
10000.00	-16.064	-80.100	15.60	-154.230	-162.129
100000.00	35.536	-48.500	21.90	-166.659	-177.505
			31.60	-170.964	-184.995
			45.00	-170.399	-187.500
			70.00	-166.561	-187.500
			101.00	-160.877	-185.000
			154.00	-157.200	-184.987
			328.00	-153.137	-187.491
			600.00	-144.781	-184.381
			10000.00	-87.843	-151.880
			100000.00	-19.064	-103.100

附 录 C
(规范性附录)
中国大陆背景地噪声区域划分

中国大陆背景地噪声区域划分见表C.1:

表C.1 中国大陆背景地噪声区域划分表

区域分类	地理位置
A类地区	西藏、新疆、青海、内蒙、宁夏、黑龙江、甘肃西部
B类地区	四川、云南、贵州、湖南、湖北、江西、山西、陕西、河南、甘肃东部、吉林、广西
C类地区	北京市的郊区县、重庆市的郊区县，安徽以及天津、河北、山东、辽宁、广东、福建、江苏、浙江七省的距海边100 km范围以远地区
D类地区	城市市区，上海以及天津、海南、河北、广东、福建、江苏、浙江、辽宁、山东、广西省（自治区）沿海地区(距海边10 km~100 km范围以内)
E类地区	海岛、港湾、距海边小于10 km范围内沿海
	(台湾地区暂缺)

参 考 文 献

[1] Peterson. J, 1993. Observation and Modelling of background Seismic Noise, Open File Report, 93 - 322, U. S

[2] Willmore, P. L, 1979. Manual of Seismological Observatory Practice, Report, SE - 20, World Data Center A for Solid Earth Geophysics

[3] GB/T 18207.1 — 2000《防震减灾术语　第1部分：基本术语》

ICS 91.120.25
P 15

中华人民共和国国家标准

GB/T 19531.2—2004

地震台站观测环境技术要求
第2部分：电磁观测

Technical requirement for the observational environment of seismic stations—Part 2: Electromagnetic observation

2004-06-21 发布 2004-09-01 实施

中华人民共和国国家质量监督检验检疫总局
中国国家标准化管理委员会 发布

前 言

GB/T 19531《地震台站观测环境技术要求》分为以下几个部分：

——第1部分：测震；

——第2部分：电磁观测；

——第3部分：地壳形变观测；

——第4部分：地下流体观测。

本部分为GB/T 19531的第2部分。

本部分的附录A、附录B、附录C和附录D为规范性附录。

本部分由中国地震局提出。

本部分由全国地震标准化技术委员会(SAC/TC 225)归口。

本部分起草单位：中国地震局分析预报中心、中国地震局地球物理研究所。

本部分主要起草人：钱家栋、顾左文、赵家骝、杨冬梅、席继楼、高玉芬、周锦屏、毛先进、郑兆必、赵国泽、周勋、马森林、陈小斌、王继军、马钦忠、谭大诚、唐宇雄、姚同起。

引　言

我国是世界上多地震的国家，也是蒙受地震灾害最为深重的国家之一。减轻地震灾害，是保障社会经济持续、快速、稳定发展和人民生命财产安全的重要措施。

地震台站是获取多种学科观测数据的基地，确保这些数据的质量和连续性是减轻地震灾害最基础的工作。

制定 GB/T 19531 的目的是向社会各方提供保护地震台站观测环境的技术依据和规范地震台站选址，依据是《中华人民共和国防震减灾法》第十四条和第十五条。

本部分表述地震台站电磁观测环境技术要求，其技术思路是：根据地震台站电磁观测物理对象的变化规律和观测技术的能力，提出保持地震台站电磁观测正常工作所必要的主要技术指标；按照技术指标，确认可能对该项技术指标的实现构成骚扰的各类人工骚扰源与电磁观测设施之间的最小距离。

本部分制定过程中，开展了大量调研和实验，内容包括：调阅地震台站原始电磁观测记录、已有的专项野外观测实验结果、国际上权威学术机构对地震台站电磁观测环境的相关规定、国内有关保障地震观测条件的法规性文件或条款，开展地铁实验等。此外，本部分制定过程中，还以模型和理论计算作为实验的验证和补充，以解决有限的实验结果在实际应用中可能存在的局限性问题。

地震台站观测环境技术要求
第2部分：电磁观测

1 范围

本部分规定了地震台站电磁观测环境的技术要求、不同电磁骚扰源距地震台站电磁观测设施的最小距离和相应的测试与计算方法。

本部分适用于地震台站地电场观测、地磁场观测、地电阻率观测设施与流动电磁观测点的建设及其电磁环境的保护与管理。

2 规范性引用文件

下列文件中的条款通过GB/T 19531的本部分的引用而成为本部分的条款。凡是注日期的引用文件，其随后所有的修改单(不包括勘误的内容)或修订版均不适用于本部分，然而，鼓励根据本部分达成协议的各方研究是否可使用这些文件的最新版本。凡是不注日期的引用文件，其最新版本适用于本部分。

GB/T 919—2002 公路等级代码

GB/Z 18039.1—2000 电磁兼容 环境 电磁环境的分类

CJJ 49—1992 地铁杂散电流腐蚀防护技术规程

3 术语和定义

下列术语和定义适用于本部分。

3.1

地电场 geoelectric field

由固体地球内部和外部的各种非人工电流系统与地球介质相互作用所产生的分布于地表的电场。地电场可分为大地电场和自然电场。

3.2

地磁场 geomagnetic field

地球的磁场。存在于地心到磁层边界的空间范围内，由主磁场、地壳磁场、变化磁场和感应磁场四部分构成。

3.3

变化磁场 geomagnetic variation field

起源于地球外部的各种短周期的地磁变化，是地磁场的微弱成分。

3.4

地电阻率 geoelectrical resistivity

表征观测点位地下某一特定探测范围内介质综合导电能力的物理量，其量纲与电阻率相同，又称视电阻率。

3.5

地震台站电磁观测 electromagnetic observation in seismic station

在地震台站对地电场、地磁场及地电阻率进行连续测量，用于提取天然电磁场信息和提取与地震关联的前兆信息的观测项目的统称。

3.6

地震电磁观测环境 environment for earthquake - related electromagnetic observation

保障地震台站电磁观测得以正常发挥工作效能的周围各种因素的总体。

3.7

(电磁)骚扰 electromagnetic disturbance

任何可能引起装置、设备或系统性能降低，或对有生命或无生命物体产生不利影响的电磁现象。

注：电磁骚扰可能是电磁噪声、无用信号或传播媒体自身的变化。

（GB/Z 18039.1 —2000 中的定义 2.1.6）

3.8

人工电磁骚扰源 source of artificial electromagnetic disturbance

可能对地震电磁台站中地电场、地磁场或地电阻率观测产生电磁骚扰的任何一种人工电磁场源，分为静态电磁骚扰源、工频电磁骚扰源、事件型或短周期电磁骚扰源等；由它们引发的电磁场扰动，分别称为静态电磁骚扰、工频电磁骚扰、事件型或短周期电磁骚扰等。

3.9

静态磁骚扰 static magnetic disturbance

由各类含铁磁性材料的物体或稳定的直流电流所产生的、附加在天然地磁场上的相对稳定的磁场骚扰。

3.10

事件型磁骚扰 event - type magnetic disturbance

由人工电磁源所产生的突发性的磁场骚扰，在时间域的表现形式为相对独立、具有一定形态和重现性的事件。

3.11

短周期磁骚扰 short period magnetic disturbance

由人工电磁源所产生的磁场骚扰。在时间域的表现形式为持续的脉冲型变化。视周期为 0.1 s ~ 600 s，变化幅度一般为 0.1 纳特(nT)至数百纳特(nT)。

3.12

工频电磁骚扰 commercial electromagnetic disturbance

产生 50 Hz 及其高次谐波电磁场的人工电磁骚扰，如由高压交流输电线、变电器、用电器包括运行中的电气化火车等设施和物体产生的骚扰。

4 地震台站电磁观测环境的技术指标

4.1 地电场观测环境的技术指标

4.1.1 非工频人工电磁源在地电场观测场地测量极间产生的附加电场强度（E_d），应不大于 0.5 mV/km，测试方法见附录 A。

4.1.2 工频人工电磁源在地电场观测场地测量极间产生的工频电场强度（E_{ind}），应不大于 1250 mV/km(峰值)，测试方法见附录 A。

4.2 地磁场观测环境的技术指标

4.2.1 静态磁骚扰强度应不大于 0.5 nT。

4.2.2 事件型磁骚扰强度应不大于 0.1 nT，测试方法见附录 B。

4.2.3 短周期磁骚扰强度应不大于 0.1 nT，测试方法见附录 C。

4.3 地电阻率观测环境的技术指标

4.3.1 非工频人工电磁源在地电阻率观测场地测量极间产生的附加骚扰电压 V_d，应不大于 45 μV，测试方法见附录 D。

4.3.2 工频人工电磁源在地电阻率观测场地测量极间产生的工频骚扰电压 V_{ind}，应不大于 500 mV(峰值)，测试方法见附录 D。

4.3.3 金属管道(线)设施类骚扰源引起的地电阻率观测值变化，应不大于 0.3%。

5 人工电磁骚扰源距地震台站电磁观测设施的最小距离

5.1 城市有轨直流运输系统距地震台站电磁观测设施的最小距离

在城市有轨直流运输系统对地的过渡电阻值符合 CJJ 49 — 1992 的条件下，城市有轨直流运输系统距地震台站电磁观测设施的最小距离，应符合下列规定：

a）轨道与地电场观测场地中心的距离应不小于 50 km；

b）轨道与地磁观测点的距离应不小于 30 km；

c）轨道与地电阻率观测场地中心的距离应不小于 30 km。

5.2 铁路运输系统距地震台站电磁观测设施的最小距离

5.2.1 电气化铁路运输系统距地震台站电磁观测设施的最小距离，在牵引功率不超过 6000 kVA 的条件下，应符合下列规定：

a）轨道与地电场测量场地中心的距离应不小于 10 km；

b）轨道与地磁观测点观测仪器的距离应不小于 0.8 km；

c）轨道与地电阻率观测的任意一个测向中心点的距离应不小于 5 km。

5.2.2 普通铁路运输系统距地震台站电磁观测设施的最小距离应符合下列规定：

a）轨道与地电场观测的任意一个测向中心点的距离应不小于 1 km；

b）轨道与地磁观测点观测仪器的距离应不小于 0.8 km；

c）轨道与地电阻率观测的任意一个测向的中心点的距离应不小于 1 km。

5.3 高压输电线路距地震电磁台站的最小距离

5.3.1 35 kV 以上、500 kV 以下高压交流输电线路距地震电磁台站的最小距离，应符合下列规定：

a）线路与地电场任一测量极的距离应不小于 1 km；

b）线路与地磁观测点观测仪器的距离应不小于 0.3 km；

c）线路与地电阻率任一测量极的距离应不小于 0.3 km。

5.3.2 500 kV 高压交流输电线路距地震台站电磁观测设施的最小距离，应符合下列规定：

a）线路与地电场任一测量极的距离应不小于 1.5 km；

b）线路与地磁观测点观测仪器的距离应不小于 0.5 km；

c）线路与地电阻率任一测量极的距离应不小于 1.5 km。

5.3.3 高压直流输电线路距地磁观测点的最小距离，应符合下列要求：

a）线路垂直方向上，满足下列公式：

$$R = 0.4\beta I \quad \cdots\cdots(1)$$

$$\beta = \Delta I / I \quad \cdots\cdots(2)$$

式中：

R —— 高压直流输电线路与地磁观测点观测仪器的最小距离，单位为千米(km)；

I —— 直流输电线路的额定电流，单位为安培(A)；

β —— 直流输电线路上允许的最大不平衡电流 ΔI 对额定电流 I 的比值；

b）在接地极附近，高压直流输电线路接地极与地磁观测点观测仪器的最小距离，为式(1)结果的 1/2。

5.4 工频骚扰源距地震台站电磁观测设施的最小距离

5.4.1 对 30 kVA 以下变压器或相当功率的用电器，其接地线与地电场或地电阻率观测场地中任一测量极的距离应不小于 0.05 km。

5.4.2 对30kVA以上变压器或相当功率的用电器，其接地线与地电场或地电阻率观测场地中任一测量极的距离应不小于0.1 km。

5.5 金属管道(线)类设施距地震台站电磁观测设施的最小距离

5.5.1 地面敷设或埋地金属管道与地电阻率观测场地中任一测向的中心点的距离应不小于1000 m。

5.5.2 在地电阻率观测中，接地金属线的接地点，与最近的一个电极的最小距离应不小于0.07 km。

5.6 公路距地震台站电磁观测设施的最小距离

5.6.1 公路等级划分按照GB/T 919 — 2002的规定。

5.6.2 三级及三级以上等级的公路与地磁观测点观测仪器的距离应不小于0.8 km。

5.6.3 三级以下等级的公路与地磁观测点观测仪器的距离应不小于0.3 km。

5.7 含铁磁性材料的建筑物或构筑物其几何中心与地磁观测点观测仪器的最小距离

5.7.1 含铁磁性材料的建筑物或构筑物其几何中心与地磁观测点观测仪器的最小距离 s，应满足下式：

$$s = \sqrt[3]{\frac{M\kappa B_0}{\pi d(1+\kappa N)\Delta B}} \qquad \cdots\cdots(3)$$

式中：

ΔB —— 铁磁性物体产生的骚扰磁场强度，单位为纳特(nT)；

M —— 铁磁性物体的质量，单位为千克(kg)；

κ —— 铁磁性物体的磁化率，无量纲；

B_0 —— 外磁场强度，即当地地磁总强度 F，单位为纳特(nT)；

d —— 铁磁性物体的密度，单位为千克每立方米(kg/m^3)；

s —— 铁磁性物体几何中心与地磁观测点间的距离，单位为米(m)；

N —— 铁磁性物体的退磁因子，无量纲。

5.7.2 含铁磁性材料($\kappa=1\,000$，$N=0$)的建筑物或构筑物其几何中心与地磁观测点观测仪器的最小距离 s_1，由表1所示：

表1 几种质量的铁磁性物体($\kappa=1\,000$，$N=0$)在地磁观测点产生0.5 nT骚扰量的距离 s_1

质量 M/t	距离 s_1/km
1	0.163
10	0.340
100	0.735
1 000	1.633
10 000	3.400

附　录　A
（规范性附录）
电磁骚扰源对地电场观测环境影响的测试方法

A.1　测试原理

在观测场地一定距离上埋设电极，通过连续测量电极间的电位差，求得测量极之间的平均电场强度，进而判别骚扰源的存在和骚扰电场强度的大小。

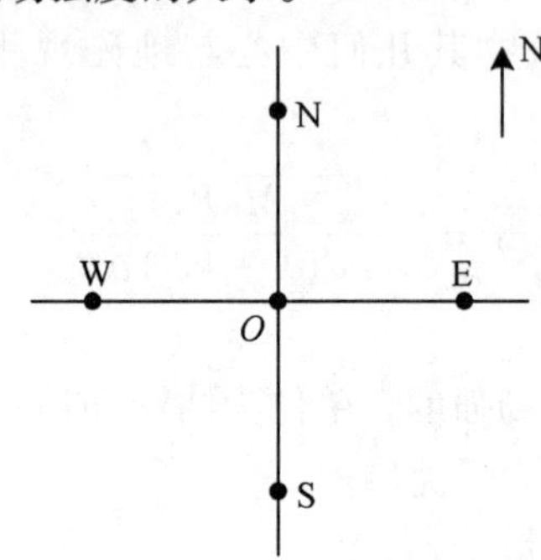

图 A.1　地电场测量电极布极示意图

布极应按图 A.1 所示，O 是埋设在场地中心点的电极，S、N、W、E 为分别埋设在位于 O 电极南、北、西、东 4 个方向上的电极。L_{SN}为电极 S 和 N 电极间的距离，L_{WE}为电极 W 和 E 电极间的距离，应取 $L_{SN}=L_{WE}=400$ m。O 电极埋设在 SN、WE 的中点。V_{SN}和 V_{WE}分别是 S 电极与 N 电极两点、W 电极与 E 电极两点间的电位差，以 S 电极和 W 电极为正电极，即有 $V_{SN}=V_S-V_N$，$V_{WE}=V_W-V_E$。

A.2　测试设备

A.2.1　电压数字采集器 1 台，应满足下列指标：

—— 采样率高于 1 次每秒；

—— 分辨力优于 10 μV；

—— 最大测量范围大于 1 000 mV；

—— 最大允许误差不超过 ±(0.1% 读数 +0.01% 满度值)；

—— 输入通道不少于 2 道；

—— 工频串模抑制比优于 80 dB；

—— 内存容量 1 MB 以上；

—— 接口能通过 RS-232 与个人计算机通信。

A.2.2　双踪示波器 1 台，应满足下列指标：

—— 频率范围 0 Hz ~ 20 MHz；

—— 分辨力优于 10 毫伏每格；

—— 最大测量范围 10 V。

A.2.3　便携式个人计算机 1 台(通用配置)。

A.2.4　电极与测线，应满足下列要求：

—— 固体不极化电极 6 个；

—— 铜导线长度不小于 2 000 m。

A.2.5 电源应满足下列要求：

——不间断电源(UPS、1 000 W)1个；

——电瓶(60 Ah)2个。

A.2.6 测量工具应包括以下内容：

——小帐篷1顶；

——经纬仪或罗盘1台；

——标杆2根；

——100 m测绳1根。

A.3 电极埋设要求

电极应采用固体不极化电极，按生产厂家提供的埋设要求埋设。

A.4 非工频人工电磁源骚扰影响测试

A.4.1 测量系统的连接，应符合图A.2所示的框图

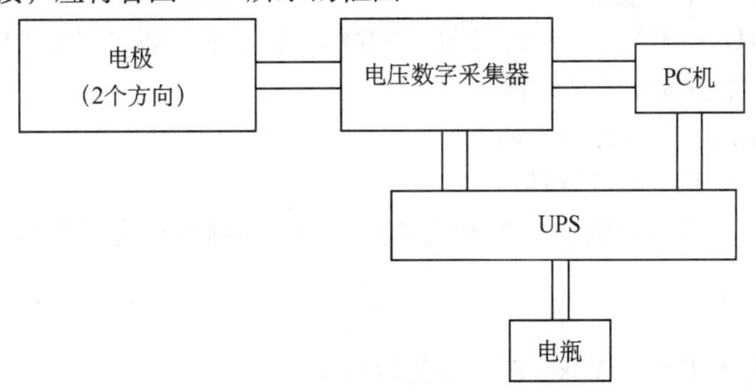

图A.2 地电场测量系统连接框图

A.4.2 测量过程按图A.2所示，将2个方向的电极电位差送到电压数字采集器。采样率应设置为每秒每通道采集1次。连续采集时间不应少于72 h(3 d)，可将每24 h的数据构成一个数据块，采集结束后应将数字采集器内的数据传送到个人计算机。

A.4.3 数据处理，应满足下列要求：

——将采集到的数据处理成各个通道的时间序列；

——作出每个通道1天的时间序列曲线，绘制曲线前先将全天的数据归零到当天的00 h 00 min 00 s，即将所有的数据减去00 h 00 min 00 s的值；

——有规律骚扰的识别，对比各个通道三天的观测曲线，找出有规律的骚扰，依据是：每天或每小时2个测向均定时出现。

A.4.4 骚扰幅度的估算，应按下列步骤进行：

——将全部采集值(电压值)转换为相应的电场值，即将电压值除以相应的极距(0.4 km)，得到数组 $[E]$；

——计算出骚扰出现前的一段时间(一般宜选比较安静的时段)观测值的平均值 E_0 和均方差值 σ_{n-1}；

——在有骚扰的一段(时间长度与所选平静段相同)数据中找出超过 $E_0 \pm 3\sigma_{n-1}$ 的测值 $[E_e]$；

——计算 $[E_e]$ 的平均值 E_{e0}；

——按 $E_d = E_{e0} - E_0$ 计算骚扰值 E_d。

A.4.5 测试结论

各个通道所有骚扰值 E_d 均小于0.5 mV/km，为合格。

A.5　工频骚扰的测量

A.5.1　测量设备的连接，应按图 A.3 所示的框图，将示波器的 CH1，CH2 分别与测量极 N、S 相连接：

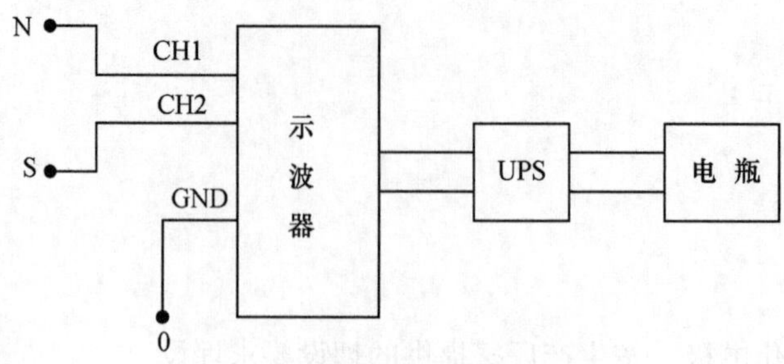

图 A.3　测量设备连接框图

A.5.2　测量过程，应符合下列规定：

—— 示波器置于 CH1 - CH2 工作方式(2 通道相减方式)，示波器的“GND”接 0 电极。扫描速度 10 毫秒每格，格值为 0.2 V 每格；

—— 每 2 h 观测一次，连续观测 48 h；

—— 每次观测记录 50 Hz 信号的峰值 V_P。

A.5.3　骚扰判别，应按下式计算测量极 N 和测量极 S 间工频骚扰平均强度 E_{ind}：

$$E_{ind} = \frac{V_P}{L_{SN}} \qquad \cdots\cdots (A.1)$$

当 E_{ind} 的最大值不大于 1250 mV/km 时，即为合格。

A.5.4　按图 A.3 所示的框图，将示波器的 CH1，CH2 分别与测量极 E、W 相连接；重复 A.5.2 所示的测量过程以及 A.5.3 所示的骚扰判别方法，计算测量极 E 和测量极 W 间工频骚扰平均强度 E_{ind}，当 E_{ind} 的最大值不大于 1250 mV/km 时，即为合格。

附 录 B
(规范性附录)
事件型磁骚扰源对地磁场观测环境影响的测试方法

B.1 测试原理

事件型磁骚扰在出现和消失的时间上与骚扰源的出现和消失时间有很强的相关性，骚扰强度随离开骚扰源的距离衰减。骚扰磁场的这一时空分布特征与天然地磁场的时空分布特征有明显的区别。在离开骚扰源的测线上，以一定的距离布设至少3个测点同时对地磁场进行连续记录，不存在骚扰源时，在这些测点上的记录数据的变化形态将完全一致；骚扰源出现后，将有部分测点记录到具备上述特征的骚扰磁场。因此，可以通过连续记录地磁场的变化，确定事件磁骚扰对地磁场观测环境的影响。

B.2 测试设备

B.2.1 三分量数字式磁通门磁力仪不少于3套，应满足下列指标：

—— 动态范围：不小于±2 000 nT；
—— 分辨力：优于0.1 nT；
—— 频带范围：DC～0.5 Hz；
—— 温度系数：不大于1 nT/℃；
—— 采样率：不小于1次每秒；
—— 时间服务精度：优于1 s/d；
—— 功耗：小于3 W。

B.2.2 便携式GPS接收机不少于3台，应满足下列指标：

—— 水平定位分辨力：1 m；
—— 水平定位最大允许误差：20 m。

B.2.3 其他辅助设备应包括以下内容：

—— 地形图(1∶50000)1张；
—— 电瓶(60 Ah)不少于3个；
—— 便携式个人计算机(通用配置)不少于3台。

B.3 测试过程与数据处理

B.3.1 测点选定应满足下列要求：

—— 对于在公路上行驶的车辆类骚扰源，测点应分布在距公路50 m、100 m及300 m的位置，测线垂直于公路；
—— 对于在铁路上行驶的列车类骚扰源，测点应分布在距铁路200 m、400 m及800 m的位置，测线垂直于铁路；
—— 对于其他未列出的事件型骚扰源，测点应分布在距骚扰源50 m、100 m及300 m的位置。

B.3.2 测试过程应按下列步骤进行：

—— 在测点架设数字式磁通门磁力仪；
—— 记录采样率采用1次每秒；
—— 在记录到骚扰事件后，应比较各套磁力仪在骚扰源出现前后的记录数据，当不能准确鉴别骚扰磁场时，应调整测点之间的距离，保证最远1个测点的记录不受到事件型磁骚扰的影响；

——测试过程应取得至少3次以上的事件型磁骚扰记录数据；

——测试持续时间应不少于24 h；

——测量时间段内如果地磁指数$K \geqslant 5$，应复测。

B.3.3 测试数据处理应按下列步骤进行：

——消除记录数据中地磁场本身的变化：将其他测点的记录数据减去不受骚扰影响的测点的同时刻的记录数据；

——骚扰强度的估算：经过上述改正后骚扰持续时间段内数据的峰-峰值即是骚扰的强度值。

附 录 C
(规范性附录)
短周期磁骚扰源对地磁场观测环境影响的测试方法

C.1 测试原理

天然源地磁场短周期变化的空间分布相对均匀，而人工电磁源的短周期磁骚扰的局限在较小的空间范围内，且出现时间重现性好。因此可采用多点同步地磁相对记录的方法分辨短周期磁骚扰的存在及其时空分布规律。

C.2 测试设备

C.2.1 三分量数字式磁通门磁力仪不少于6套，应满足下列指标：

—— 动态范围：不小于 ±2 000 nT；
—— 分辨力：优于0.1 nT；
—— 频带范围：DC ~0.5 Hz；
—— 温度系数：不大于1 nT/℃；
—— 采样率：不小于1次每秒；
—— 时间服务精度：优于1 s/d；
—— 功耗：小于3 W。

C.2.2 便携式GPS接收机不少于6台，应满足下列指标：

—— 水平定位分辨力：1 m；
—— 水平定位最大允许误差：20 m。

C.2.3 其他辅助设备应包括以下内容：

—— 地形图(1:50 000)1张；
—— 电瓶(60 Ah) 不少于6个；
—— 便携式个人计算机(通用配置)不少于6台。

C.3 测试过程与数据处理

C.3.1 测点选定应满足下列要求

对于短周期磁骚扰源，测点应分布在距骚扰源50 m、100 m、200 m、400 m 、800 m 和1 600 m的位置上。

C.3.2 测试过程见附录B中的B.3.2

C.3.3 测试数据处理见附录B中的B.3.3

附 录 D
（规范性附录）
电磁骚扰源对地电阻率观测影响的测试方法

D.1 测试原理

在观测场地一定距离上埋设电极，连续测量电极间的电位差，通过数据处理判别骚扰源的存在和骚扰电压影响的大小。

布极应按图 A.1 所示，O 是埋设在场地中心点的电极，S、N、W、E 是分别埋设在位于 O 电极南、北、西、东 4 个方向上的电极。L_{SN}为电极 S 和 N 间的距离，L_{WE}为电极 W 和 E 间的距离，应取 $L_{SN}=L_{WE}=300$ m。O 电极埋设在 SN、WE 的中点。V_{SN}和 V_{WE}分别是位于 S 电极与 N 电极两点、W 电极与 E 电极两点间的电位差，以 S 电极和 W 电极为正电极，即有 $V_{SN}=V_S-V_N$，$V_{WE}=V_W-V_E$。

D.2 测量设备

D.2.1 电压数字采集器 1 台，应满足下列技术指标：

—— 采样率高于 1 次每秒；

—— 分辨力优于 10 μV；

—— 最大测量范围大于 1 000 mv；

—— 最大允许误差不超过 ±(0.1% 读数 +0.01% 满度值)；

—— 输入通道不少于 2 道；

—— 工频串模抑制比优于 80 dB；

—— 内存容量 1 MB 以上；

—— 接口能通过 RS-232 与个人计算机通信。

D.2.2 双踪示波器 1 台，应满足下列指标：

—— 频率范围 0 Hz～20 MHz；

—— 分辨力优于 10 毫伏每格；

—— 最大测量范围 10 V。

D.2.3 计算机

通用配置的便携式个人计算机 1 台。

D.2.4 电极与测线，应满足下列要求：

—— 铅电极 4 块，每块截面积应不小于 300 mm×300 mm；

—— 铜导线长度不小于 2 000 m。

D.2.5 电源应满足下列要求：

—— 不间断电源(1 000 W)1 个；

—— 电瓶(60 Ah)2 个。

D.2.6 测量设施及工具应包括以下内容：

—— 小帐篷 1 顶；

—— 经纬仪或罗盘 1 台；

—— 标杆 2 根；

—— 100 m 测绳 1 根。

D.3 电极埋设要求

D.3.1 电极坑

深度应大于0.5 m，极坑内不应有杂质，同一方向2个极坑的土质应一致。

D.3.2 铅电极埋设

铅电极表面应处理干净，电极和引线的接头不应外露，电极应水平放置在电极坑底。

D.4 非工频人工电磁源骚扰影响测试

D.4.1 测量系统连接

测量系统连接见附录A中的A.4.1。

D.4.2 测量过程

按图A.2所示，应将2个方向的电极电位差送到电压数字采集器。采样率设置应为每秒每通道采集1次。连续采集时间不应少于48 h，每24 h的数据构成一个数据块，采集结束后应将数字采集器内的数据传送到个人计算机。

D.4.3 数据处理

数据处理应满足下列要求：

a）将一个通道的24 h的数据处理成一个数组［a］，［a］包含的数据个数为$n=86\ 400$。

b）计算［a］中每间隔9个数的差值的绝对值，获得数组［a］，$b_i=|a_{i+9}-a_i|$，［b］包含的数据个数为$n-9$。

c）计算［b］的相邻10个数据的滑动平均值，获得数组［c］（［c］数据个数为$n-18$）：

$$c_i=(b_i+b_{i+1}+\cdots+b_{i+9})/10 \qquad \text{(D.1)}$$

d）剔除［c］中的偶然误差

计算［c］的平均值$\bar{c}$和σ_{n-1}，剔除［c］中的$|c_i-\bar{c}|>2\sigma_{n-1}$的点，构成新数组［$V_d$］。

D.4.4 测试结论

设数组［V_d］中的最大值为V_d，当每个通道每天的数据均满足$V_d\leqslant 45\ \mu V$时，测试合格。

D.5 工频骚扰的测试

D.5.1 测量设备连接

测量设备连接见附录A中的A.5.1。

D.5.2 测量过程

测量过程见附录A中的A.5.2。

D.5.3 骚扰判别

设测量所得的V_P中的最大值为V_{ind}，若V_{ind}不大于0.5 V，即判定测量极N和测量极S间工频骚扰平均强度为合格。

D.5.4 按图A.3所示的框图，将示波器的CH1、CH2分别与测量极E、W分别相连接；重复D.5.2所示的测量过程以及D.5.3所示的骚扰判别方法，若V_{ind}不大于0.5 V，即判定测量极E和测量极W间工频骚扰平均强度为合格。

参 考 文 献

[1] Jerzy Jankowski and Bhristian SuBksdorff. 周锦屏、高玉芬等译．地磁测量和地磁台站工作指南．地震出版社，1999.

[2] Jerzy Jankowski and Bhristian SuBksdorff. Guide for MagnetiB Measurement and Observatory PraBtiBe. WARSAW，1996.

[3] GB/T 18027.1—2000《防震减灾术语　第1部分：基本术语》

ICS 91.120.25
P 15

中华人民共和国国家标准

GB/T 19531.3—2004

地震台站观测环境技术要求 第3部分:地壳形变观测

Technical requirement for the observational environment of seismic stations—Part 3: Crustal deformation observation

2004-06-21 发布 2004-09-01 实施

中华人民共和国国家质量监督检验检疫总局
中国国家标准化管理委员会 发布

前　言

GB/T 19531《地震台站观测环境技术要求》分为以下几个部分：

——第1部分：测震；

——第2部分：电磁观测；

——第3部分：地壳形变观测；

——第4部分：地下流体观测。

本部分为GB/T 19531的第3部分。

本部分的附录A、附录B、附录C、附录D、附录E为规范性附录。

本部分由中国地震局提出。

本部分由全国地震标准化技术委员会(SAC/TC 225)归口。

本部分起草单位：中国地震局地震研究所、中国地震局第一监测中心、中国地震局地壳应力研究所、福建省地震局。

本部分主要起草人：李正媛、陈志遥、陈德福、王晓权、陈聚忠、邱泽华、苏恺之、吴云、刘序俨。

引　言

我国是世界上多地震的国家，也是蒙受地震灾害最为深重的国家之一。减轻地震灾害，是保障社会经济持续、快速、稳定发展和人民生命财产安全的重要措施。

地震台站是获取多种学科观测数据的基地，而确保这些数据的质量和连续性是减轻地震灾害最基础的工作。

制定 GB/T 19531 的目的是向社会各方提供保护地震台站观测环境的技术依据和规范地震台站选址，依据是《中华人民共和国防震减灾法》第十四条和第十五条。

本部分编制的技术思路为：从对地壳形变观测可能构成影响的来源和影响程度两方面，科学界定环境对地壳形变观测的影响因素与作用效果。按典型的干扰源对地倾斜、地应变、重力和跨断层形变观测造成影响的不同效果，提出干扰影响量的最大允许数值指标；针对干扰源和干扰作用方式，给出能满足指标要求的距地震台站地壳形变观测仪器的最小距离，通过附录中提供的测试方法，规范检测干扰源对地壳形变观测的影响。

本部分规定的技术要求依据下列结果：30 多年来我国地壳形变观测获得的大量地倾斜、地应变、重力以及跨断层形变的观测资料与研究成果；围绕荷载变化、水文地质环境变化等干扰源，开展的“长江三峡大坝库首区蓄水载荷引起库盆沉降形变特征”、“蓟县台、银川台附近农机井抽水对地倾斜、地应变、重力观测影响”等九个专项试验，围绕振动干扰源、电磁骚扰源等，开展的“大型飞机场对重力观测影响”、“电磁环境对 GPS 观测影响”等四个专项试验；“海潮负荷影响及其计算”和“关于应变和倾斜观测到荷载干扰源最小距离的理论分析”等理论研究和模拟类比计算研究。

地震台站观测环境技术要求
第3部分：地壳形变观测

1 范围

本部分规定了地震台站地壳形变(地倾斜、地应变、重力、跨断层形变)观测环境的技术指标、干扰源距地震台站地壳形变观测仪器的最小距离和相应的测试与计算方法。

本部分适用于地震台站地壳形变观测的选址、观测环境保护与管理。

2 规范性引用文件

下列文件中的条款通过 GB/T 19531 的本部分的引用而成为本部分的条款。凡是注日期的引用文件，其随后所有的修改单(不包括勘误的内容)或修订版均不适用于本部分，然而，鼓励根据本部分达成协议的各方研究是否可使用这些文件的最新版本。凡是不注日期的引用文件，其最新版本适用于本部分。

GB/T 919 — 2002 公路等级代码

GB/T 12897 — 1991 国家一、二等水准测量规范

芝加哥 . 1944. 国际民航公约 附件 14 —— 机场 关于机场的设计和设备的规范

3 术语和定义

下列术语和定义适用于本部分。

3.1

地倾斜观测 crustal tilt observation

在洞室或钻孔内观测地平面与水平面之间的夹角及其随时间的变化。

3.2

地应变观测 crustal strain observation

在洞室或钻孔内观测地应变及其随时间的相对变化。

3.3

重力观测 gravity observation

观测地球表面重力加速度及其随时间的变化。

3.4

跨断层形变观测 cross - fault crustal deformation observation

观测断层两侧固定点位间垂直方向相对位移和水平方向相对位移。

3.5

地壳形变观测环境 environment for crustal deformation observation

对地壳形变测量特定场地空间构成直接、间接影响的各种自然与人为因素的总和。

3.6

地壳形变观测干扰 interferences to crustal deformation observation

影响地壳形变观测装置、测量设备、技术系统发挥正常观测功能，降低观测精度、使观测数据产生显著偏离正常量值的现象。依据影响方式，地壳形变观测干扰来源可分为三类：振动干扰源、荷载变化干扰源和水文地质环境变化干扰源。

3.7

振动干扰源　interference source from vibration

产生高频振动、爆破冲击行为，在地壳形变观测场地引起地壳形变速率突然增大的来源。如：机场、铁路、公路、冲压、粉碎作业场地、采石、采矿场地等。

3.8

荷载变化干扰源　interference source from load change

由于物质增减、迁移，使地面单位面积荷载变化，在地壳形变观测场地引起地壳形变的来源。如：海洋潮汐、水库、湖泊、河流；采矿区荷载的变化；大型建筑、仓库、重型工厂的荷载变化等。

3.9

水文地质环境变化干扰源　interference source from changes of geohydrologic environment

引起地壳形变观测场地水文地质参数或性质变化，产生地面塌陷、沉降、隆起变形的来源。如：采油、抽水、注水等。

4　地震台站地壳形变观测环境的技术指标

4.1　地倾斜观测环境的技术指标

4.1.1　荷载、水文地质环境变化源在地倾斜观测台站产生的地倾斜畸变量每日应不大于0.003″，当月M_2波潮汐因子误差应不大于0.02。测试方法见附录A中的A.1。

4.1.2　振动源在地倾斜观测台站产生的地倾斜突发性变化量应不大于0.005″。测试方法见附录A中的A.1。

4.1.3　水库、湖泊蓄水涨落1 m，在地倾斜观测场地产生的地倾斜畸变量应不大于0.008″。水库、湖泊区有地倾斜观测台站，测试方法见附录A中的A.1；水库、湖泊区无地倾斜观测台站，测试方法见附录A中的A.2。

4.2　地应变观测环境的技术指标

4.2.1　荷载、水文地质环境变化源在地应变观测台站产生的地应变畸变量每日应不大于3×10^{-9}、每月应不大于3×10^{-8}，当月M_2波潮汐因子误差应不大于0.04，测试方法见附录B、附录C。

4.2.2　振动源在地应变观测台站引起的地应变突发性变化量应不大于3×10^{-9}。

4.3　重力观测环境的技术指标

4.3.1　荷载、水文地质环境变化源在重力观测台站产生的重力加速度畸变量48 h内应不大于4×10^{-8} m/s²，测试方法见附录D。

4.3.2　振动源在重力观测台站产生的重力加速度突发性变化量应不大于4×10^{-8} m/s²，测试方法见附录D。

4.4　跨断层形变观测环境的技术指标

4.4.1　荷载、水文地质环境变化源在跨断层形变观测场地引起的跨断层水准测段高差变化量应不大于0.45 mm/km(按GB/T 12897—1991中4.7的规定)。测试方法见附录E中的E.1。

4.4.2　振动源在跨断层形变观测场地引起的断层水准观测中误差应不大于0.1 mm，测试方法见附录E中的E.2。

4.4.3　人工电磁源对断层形变GPS观测场地的影响：断层形变GPS观测的水平分量重复精度应不大于1.0 mm；垂直分量重复精度应不大于2.0 mm，测试方法见附录E中的E.3。

4.4.4　跨断层形变水准观测场地视线内应无阻挡物；断层形变GPS观测各方向水平视线高度角15°以上无阻挡物，特殊地区局部(水平视角累计不超过60°范围)水平视线高度角25°以上无阻挡物。

5 干扰源距地震台站地壳形变观测仪器的最小距离

5.1 海洋距地震台站地壳形变观测仪器的最小距离

海岸距地震台站地壳形变观测仪器的最小距离，应符合下列规定：

a）距地倾斜观测仪器的最小距离应不小于4 km；

b）距地应变观测仪器的最小距离应不小于4 km；

c）距重力观测仪器的最小距离应不小于10 km；

d）距跨断层形变观测仪器的最小距离应不小于0.5 km。

5.2 水库、湖泊距地震台站地壳形变观测仪器的最小距离

5.2.1 蓄水量1×10^9 m^3以上的水库和湖泊岸距地震台站地倾斜、地应变观测仪器的最小距离，应符合下列规定：

a）距地倾斜观测仪器的最小距离应不小于3.5 km；

b）距地应变观测仪器的最小距离应不小于4.0 km。

5.2.2 蓄水量1×10^7 m^3 ~ 1×10^9 m^3的水库和湖泊岸距地震台站地倾斜、地应变观测仪器的最小距离，应符合下列规定：

a）距地倾斜观测仪器的最小距离应不小于2.5 km；

b）距地应变观测仪器的最小距离应不小于2.5 km。

5.2.3 蓄水量1×10^6 m^3 ~ 1×10^7 m^3的水库和湖泊岸距地震台站地倾斜、地应变观测仪器的最小距离，应符合下列规定：

a）距地倾斜观测仪器的最小距离应不小于1.0 km；

b）距地应变观测仪器的最小距离应不小于1.0 km。

5.2.4 蓄水量1×10^8 m^3以上的大、中型水库和湖泊岸距重力观测仪器的最小距离应不小于3.0 km。

5.2.5 蓄水量1×10^8 m^3以上的大、中型水库和湖泊岸距跨断层形变观测仪器的最小距离应不小于0.5 km。

5.3 江、河距地震台站地壳形变观测仪器的最小距离

5.3.1 水位年涨落大于2 m的江、河岸距地震台站地壳形变观测仪器的最小距离，应符合下列规定：

a）距地倾斜观测仪器的最小距离应不小于1.5 km；

b）距地应变观测仪器的最小距离应不小于1.5 km；

c）距重力观测仪器的最小距离应不小于3.0 km。

5.3.2 水位年涨落为1 m ~2 m的江、河岸距地震台站地壳形变观测仪器的最小距离，应符合下列规定：

a）距地倾斜观测仪器的最小距离应不小于1.0 km；

b）距地应变观测仪器的最小距离应不小于1.0 km。

5.4 建筑、工厂、仓库、列车编组站等荷载变化源距地震台站地壳形变观测仪器的最小距离

工程总荷载变迁质量大于5×10^7 kg的建筑、工厂、仓库、列车编组站等，距地震台站地壳形变观测仪器的最小距离①，应符合下列规定：

a）距地倾斜观测仪器的最小距离应不小于1.0 km；

b）距地应变观测仪器的最小距离应不小于1.2 km；

c）距重力观测仪器的最小距离应不小于0.5 km；

d）距跨断层形变观测仪器的最小距离应不小于0.5 km。

5.5 铁路、公路、机场跑道等距地震台站地壳形变观测仪器的最小距离

5.5.1 铁路、三级以上公路(公路等级划分按GB/T 919—2002)距地震台站地壳形变观测仪器的最小

① 最小距离以工厂、仓库的外围边界、列车编组站最外股道到观测仪器最小直线距离计算。

距离，应符合下列规定：

a）距地倾斜观测仪器的最小距离应不小于1.0 km；

b）距地应变观测仪器的最小距离应不小于1.0 km；

c）距重力观测仪器的最小距离应不小于1.0 km；

d）距跨断层形变观测仪器的最小距离应不小于0.5 km。

5.5.2 机场跑道、停机坪距重力观测仪器的最小距离①应符合下列规定：

a）4E 级机场(机场等级划分依据《国际民用航空公约 附件 14》的规定)的跑道、停机坪距重力观测仪器的最小距离应不小于5.0 km；

b）3C 级机场的跑道、停机坪距重力观测仪器的最小距离应不小于3.5 km。

5.6 采石、采矿爆破点、冲击振动设备等振动源距地震台站地壳形变观测仪器的最小距离

5.6.1 单段炮震药量大于50 kg以上的采石、采矿爆破点距地震台站地壳形变观测仪器的最小距离，应符合下列规定：

a）距地倾斜观测仪器的最小距离应不小于2.0 km；

b）距地应变观测仪器的最小距离应不小于2.0 km；

c）距重力观测仪器的最小距离应不小于3.0 km；

d）距跨断层形变观测仪器的最小距离应不小于1.0 km。

5.6.2 单段炮震药量大于500 kg以上的采石、采矿爆破点距地震台站地壳形变观测仪器的最小距离，应符合下列规定：

a）距地倾斜观测仪器的最小距离应不小于4.0 km；

b）距地应变观测仪器的最小距离应不小于4.0 km；

c）距重力观测仪器的最小距离应不小于6.0 km；

d）距跨断层形变观测仪器的最小距离应不小于2.0 km。

5.6.3 冲击力大于等于2×10^3 kN的冲击振动设备距地震台站地壳形变观测仪器的最小距离，应符合下列规定：

a）距地倾斜观测仪器的最小距离应不小于1.0 km；

b）距地应变观测仪器的最小距离应不小于1.5 km；

c）距重力观测仪器的最小距离应不小于1.0 km；

d）距跨断层形变观测仪器的最小距离应不小于0.5 km。

5.7 注水区、采矿采油区、地下水漏斗沉降区距地震台站地壳形变观测仪器的最小距离

5.7.1 抽(注)量为5 m^3/d～100 m^3/d、水位降深5 m以下的抽(注)水井、采油井距地震台站地壳形变观测仪器的最小距离，应符合下列规定：

a）距地倾斜观测仪器的最小距离应不小于0.8 km；

b）距地应变观测仪器的最小距离应不小于1.6 km；

c）距重力观测仪器的最小距离应不小于1.0 km；

d）距跨断层形变观测仪器的最小距离应不小于0.5 km。

5.7.2 抽(注)量大于100 m^3/d、水位降深5 m以上的抽(注)水井、采油井距地震台站地壳形变观测仪器的最小距离，应符合下列规定：

a）距地倾斜观测仪器的最小距离应不小于1.0 km；

b）距地应变观测仪器的最小距离应不小于3.0 km；

c）距重力观测仪器的最小距离应不小于2.0 km；

d）距跨断层形变观测仪器的最小距离应不小于1.0 km。

---

① 以跑道和停机坪的外围轮廓线到观测仪器最小直线距离计算。

5.7.3 地下水漏斗沉降区距跨断层形变观测仪器的最小距离应不小于0.5 km。

5.8 人工电磁骚扰源距地震台站地壳形变观测仪器的最小距离

5.8.1 35 kV及以上电压的高压输电线、变压器等电磁骚扰源距地震台站地壳形变观测仪器的最小距离，应符合下列规定：

a）距地倾斜观测仪器的最小距离应不小于0.3 km；

b）距地应变观测仪器的最小距离应不小于0.3 km；

c）距重力观测仪器的最小距离应不小于0.3 km；

d）距跨断层形变观测仪器的最小距离应不小于0.3 km。

5.8.2 微波通道和强电磁源等距断层GPS观测仪器的最小距离，应按附录E中E.3进行测试并符合4.4.3的指标要求。

附 录 A
(规范性附录)
地倾斜观测环境综合干扰的测试方法

A.1 洞室地倾斜观测环境综合干扰的测试方法

A.1.1 测试原理

地倾斜观测曲线有明确的固体潮背景。因此，使用水管倾斜仪或者水平摆倾斜仪进行洞室内的地倾斜连续观测，通过观测曲线的形态以及计算 M_2 波潮汐因子误差值，可以判别干扰源的存在和影响的大小。

A.1.2 主要测试仪器及技术指标

A.1.2.1 主要测试仪器的构成

水管倾斜仪的设备及数量见表 A.1。

表 A.1 水管倾斜仪设备及数量

设备	数量	备注
水管倾斜仪主机(含传感器2个、管路)	2套	2分量
全自动校准装置	2套	2分量
数据采集仪	1台	含GPS校时

水平摆倾斜仪的设备及数量见表 A.2。

表 A.2 水平摆倾斜仪设备及数量

设备	数量	备注
水平摆倾斜仪摆体主机	2个	2分量
校准装置	2套	2分量
数据采集仪	1台	含GPS校时

A.1.2.2 测试仪器主要技术指标

测试仪器主要技术指标应符合表 A.3 的规定。

表 A.3 主要技术指标

性能	水管倾斜仪技术指标	水平摆倾斜仪技术指标
分辨力	优于0.001″	优于0.001″
日漂移	小于0.005″	小于0.005″
基线长	大于5 m	
校准精度	优于1%	优于1%
校准调零	全自动	全自动
记录方式	数字化	数字化

A.1.3 测试过程

A.1.3.1 水管倾斜仪的安置与密封

在观测洞室中，以EW和NS两个方向清理出长度分别大于10 m的两处坑道。按照水管倾斜仪安装方法分别在两处坑道内安置两分量仪器，其同分量的两个主体应分别安装在处于同一高程面内的坑道两端点岩石仪器墩上，仪器主体连同管路整体密封保温(安装尺寸及密封措施见图A.1)。

单位为毫米

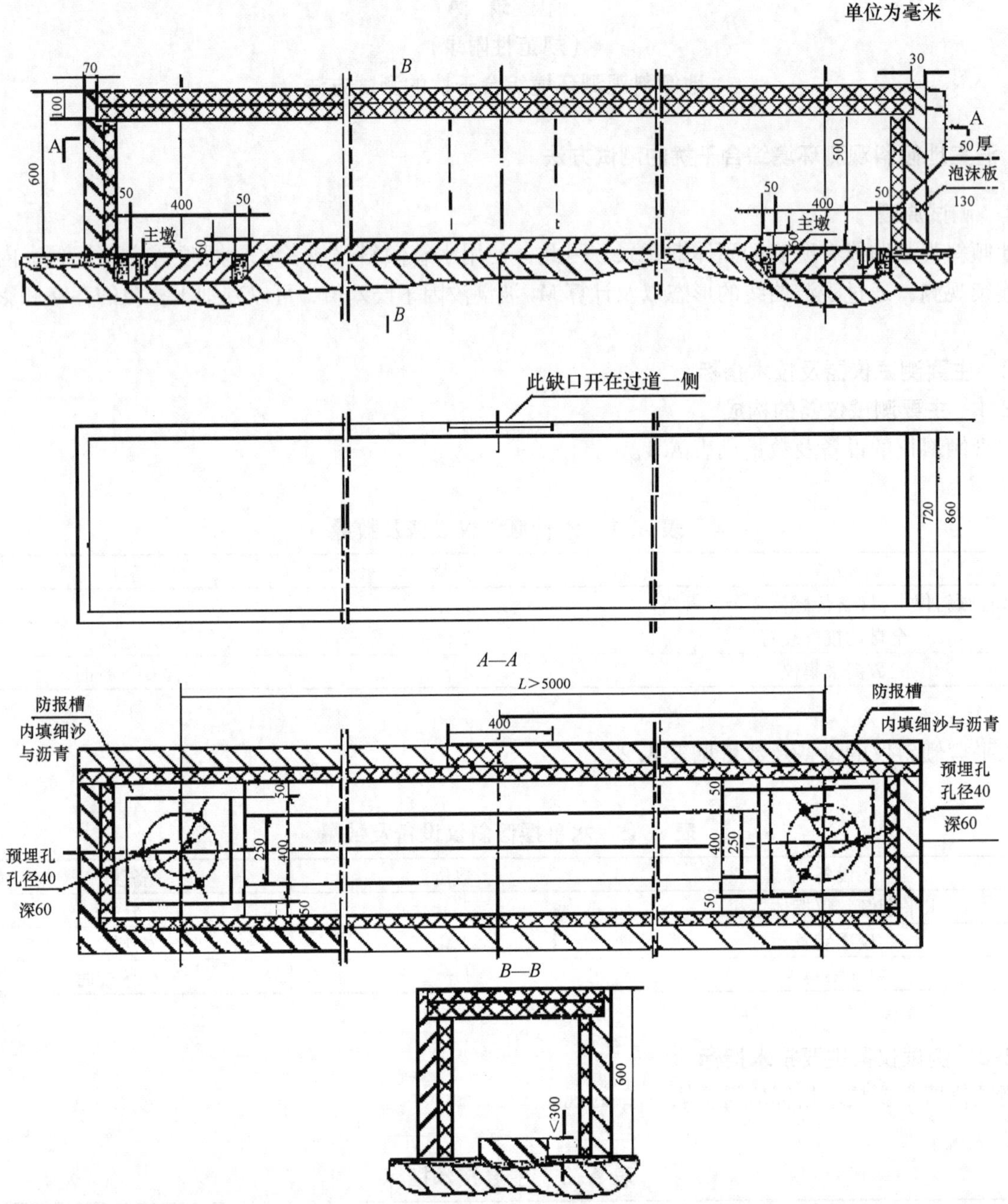

注1：仪器主墩用保存的基岩墩或以岩石墩粘接基岩；

2：两主墩面要求平整，相对高程差不超过3 mm。

图A.1 水管倾斜仪仪器墩位与密封设施图

A.1.3.2 水平摆倾斜仪安置

在观测洞室中清理出$(2.8\times8)\mathrm{m}^2$的坑道，放置仪器的岩石仪器墩面积为$(0.9\times1.6)\mathrm{m}^2$，按EW和NS方向安装两台水平摆倾斜仪(图A.2)。

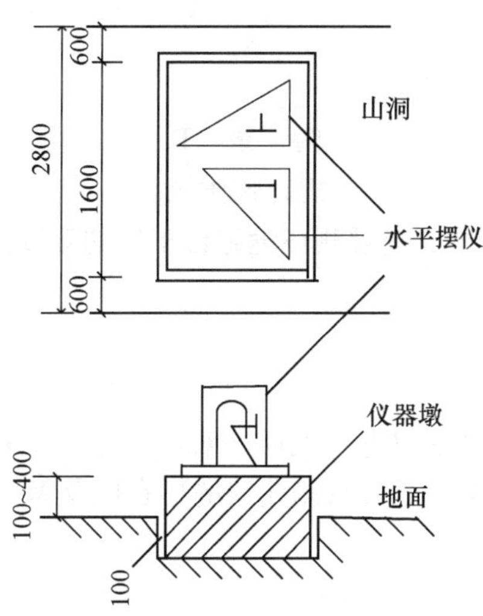

图 A.2 水平摆倾斜仪仪器墩位及仪器安装示意图

A.1.3.3 测试过程

——将洞室内两分量仪器输出信号连接到数字采集器(采样率为 1 次每分)，按仪器校准方法进行观测数据转换格值校准；

——连续观测记录至少 1 080 h(45 d)以上。

A.1.4 数据处理与干扰识别

——将采集的电量值数据经格值转换计算为倾斜量，形成各观测分量的时间序列，每 24 h 的数据构成一个数据块；

——按整点值绘制倾斜固体潮曲线；

——对比各分量倾斜潮汐曲线有无定时的或形态相近的突跳或畸变，识别有规律的干扰；

——若潮汐曲线图中有突跳或畸变，计算变化量并判断其是否超过 0.003″；

——采用国际通用调和分析程序对每个分量的整点值数据作月 M_2 波潮汐因子误差计算；

——潮汐曲线畸变与水库水位升高或降低密切相关时，应按下式求得水位每升高(或降低)1 m 时，垂直于水库岸边方位的倾斜变化量 $\Delta\psi$ 值：

$$\Delta\psi = \frac{\text{水位变化前倾斜量} - \text{水位变化后倾斜量}}{\text{水位变化量}} \quad \cdots\cdots\cdots\cdots\cdots\cdots(A.1)$$

A.2 地倾斜观测环境载荷变化影响测试方法

A.2.1 对于没有固定台站或山洞，但需要确定水库或江河等负荷影响时，采用一、二等精密水准重复测量的方法。

A.2.2 测线布设和观测仪器

在垂直水库岸边方向的 5 km～6 km 范围内，以 1 km 布设 1 个基岩测点的密度布设测线，点位埋设、观测仪器按 GB/T 12897 — 1991 中第 5 章、第 6 章的规定。

A.2.3 测试与数据处理

在水库蓄水前后或江河水位涨落周期内，按 GB/T 12897 — 1991 中第 7 章的规定进行一、二等水准重复测量，同时记录水库、江河水位以便确定水位的变化幅度与水准观测数据间的相关关系。观测数据处理方法及其精度计算按 GB/T 12897 — 1991 中第 7 章的规定。

附 录 B
（规范性附录）
洞室地应变观测环境综合干扰的测试方法

B.1 测试原理

洞室地应变观测是用伸缩仪在洞室内进行地应变观测。地应变观测曲线有明确的固体潮背景。因此直接使用伸缩仪进行现场连续观测，通过观测曲线的形态以及 M_2 波潮汐因子误差值，即可以判别干扰源的存在和干扰影响的大小。

B.2 主要测试仪器及技术指标

B.2.1 测试仪器

测试仪器设备及数量见表 B.1。

表 B.1 伸缩仪设备及数量

设备	数量	备注
伸缩仪主机	2套	2分量
伸缩仪数控器	1台	2分量共用
校准装置	1套	2分量共用
数据采集仪	1台	

B.2.2 伸缩仪的主要技术指标

伸缩仪的主要技术指标应符合表 B.2 的规定。

表 B.2 伸缩仪主要技术指标

性能	技术指标
基线长	大于等于 10 m
仪器分辨力	优于 1×10^{-9}（基线长度为 10 m 时）
传感器量程	不小于 0.1 mm
线性度	优于 1%（满量程）
校准重复性	优于 1%
漂移	不大于 4×10^{-6}/a
记录	数字化

B.3 测试过程

B.3.1 测试仪器安装要求

在观测洞室中，以 EW 和 NS 两个方向清理出长度分别大于 10 m 的两处坑道。按照伸缩仪安装方法分别在两处坑道内安置两分量仪器(图 B.1)。

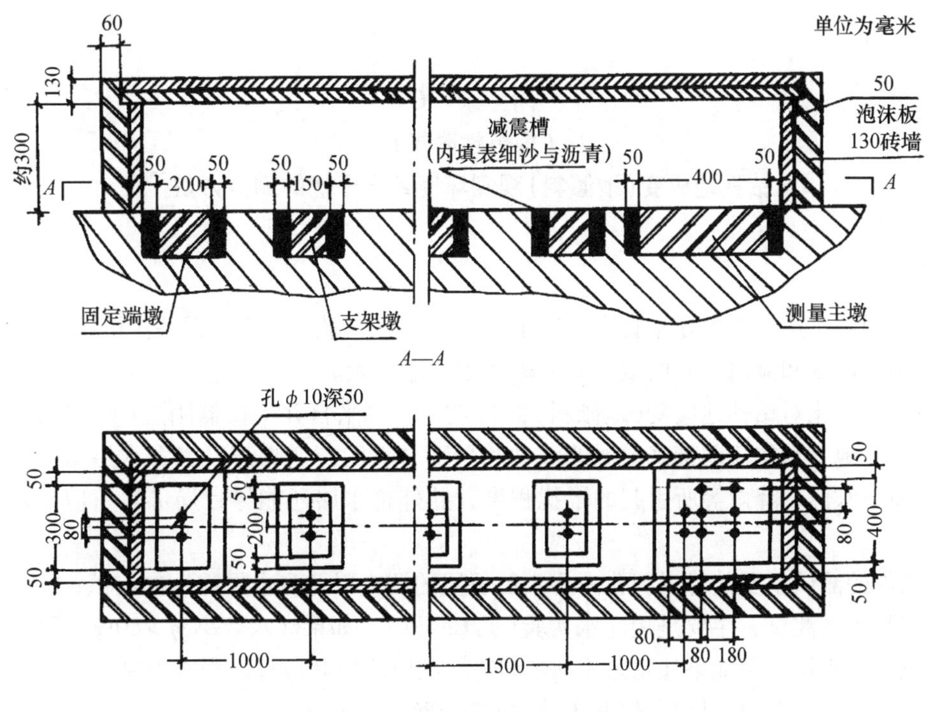

图 B.1 伸缩仪洞室布设图

B.3.2 测试过程

——将两分量仪器输出信号连接到数字采集器(采样率为1次每分),按仪器校准方法进行观测数据转换格值校准;

——连续观测记录至少1 080 h(45 d)以上。

B.4 数据处理与干扰识别

——将采集的电量值经格值转换计算为应变量,形成各观测分量的时间序列。每24 h的数据构成一个数据块;

——按整点值绘制应变固体潮曲线;

——对比各分量应变潮汐曲线有无定时的或形态相近的突跳或畸变,识别有规律的干扰;

——若潮汐曲线图中有突跳或畸变出现,计算变化量并判断其是否超过3×10^{-9};

——采用国际通用调和分析程序对每个分量的整点值数据作月M_2波潮汐因子误差计算。

附　录　C
（规范性附录）
钻孔地应变（地倾斜）观测环境综合干扰的测试方法

C.1　测试原理

钻孔地应变观测是用应变仪在钻孔内进行地应变观测；钻孔地倾斜观测是用倾斜仪在钻孔内进行地倾斜观测。钻孔应变和倾斜观测曲线均有明确的固体潮背景。

水文地质环境变化对钻孔地应变（地倾斜）的影响，主要来自井下仪器附近（如 20 m 以内）地下含水层带来的干扰：地下水的流动带来地温的波动和局部岩石的应变噪声，当含水层与地表相通时会加重大气压力、地下水位、降雨等所引起的干扰程度，此外含水层还能导致局部岩石应变数值的降低和畸变。因此：

a）环境条件的测试主要是对观测孔内含水层位置的调查以及含水层特性的测试；

b）含水层特性的测试，主要是用注水实验（见 C.4.1），如果注水效率 $\eta > 80\%$，可认为钻孔内没有明显的含水层。但如果注水效率 $\eta < 80\%$，则应确定其位置。当查看钻孔岩芯不能给出明确结论时，应辅以井温梯度测试（见 C.4.2）综合确定其位置；

c）如果计划中的观测孔深度超过 200 m，并且该台站不曾有地应变或地倾斜观测的历史证明该台址为合格环境时：应在观测孔内进行井温梯度测试与地下水动态测试；或在观测孔底部安装可以重复取出的钻孔倾斜仪器进行为期 45 d 以上的试验性观测。

C.2　测试仪器及其技术指标

C.2.1　环境条件检测仪器

环境条件检测仪器见表 C.1。

表 C.1　环境条件检测仪器

设备	数量	技术指标，备注
水位计	1 套	量程：正负 5 m，分辨力 1 mm
水温计	1 台	量程：0℃～50℃，分辨力 0.01℃，准确度 0.5℃，电缆上有以 m 为单位的深度标记
钻孔倾斜仪器	1 套	两分量
数据采集器	1 台	数字记录用

C.2.2　钻孔应变仪和钻孔倾斜仪的主要技术指标

钻孔应变仪和钻孔倾斜仪的主要技术指标应符合表 C.2 的规定。

表 C.2　钻孔应变仪和钻孔倾斜仪主要技术指标

性能	钻孔应变仪技术指标	钻孔倾斜仪技术指标
动态范围	大于 2×10^{4}	大于 2×10^{4}
仪器分辨力	优于 1×10^{-9}	优于 0.001″
传感器量程	不小于 1×10^{-5}	不小于 10″
线性度	优于 1%（满量程）	优于 1%（满量程）
校准重复性	优于 3%	优于 3%
零点漂移	不大于 4×10^{-5}/a	不大于 0.005″/d
记录	数字化	数字化

C.3 测试设备布设

按图 C.1 所示连接测试用设备井下探头与地面记录部分。

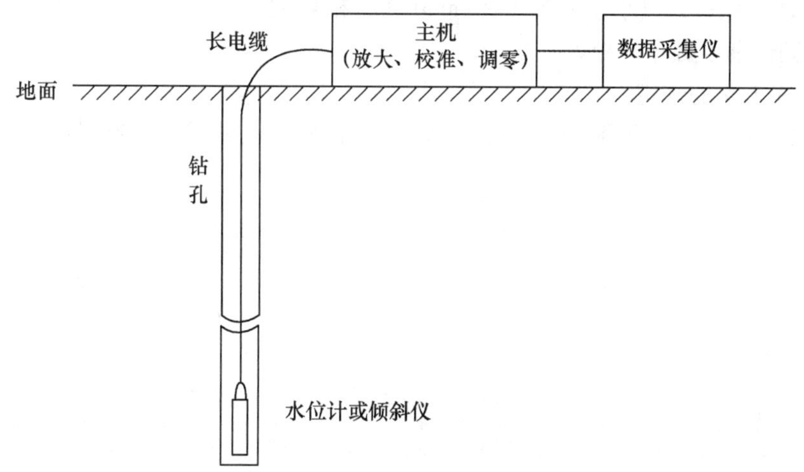

图 C.1 水位计或倾斜仪的测试布设示意图

C.4 数据的记录和处理

C.4.1 注水实验数据的处理

根据钻孔的横截面面积 S 和注水的体积 V，计算出没有含水层情况下的水位上升幅度 h_0，再由下式计算注水效率 η：

$$\eta = \frac{h}{h_0} = \frac{h}{(V/S)} \qquad \cdots\cdots (C.1)$$

C.4.2 水温测试数据的处理

以水位计的埋深和井温做图，以同一深度下的往返测试数据相差小于 0.2 ℃为合格；否则重新测试。

将全部测值用最小二乘法计算出拟合直线，画于坐标图上，检查各测值与该直线间是否有规律性的局部偏离(小的鼓包或凹兜)，如有 0.5 ℃以上的偏离，说明该地段存在含水层且有一定的流动。在安装井下仪器时，仪器必须远离该含水层 20 m 以上，图 C.2。

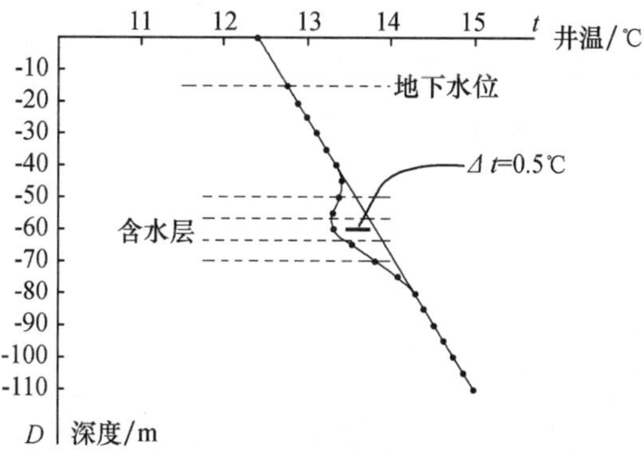

图 C.2 根据水温的异常带确定含水层的位置

C.4.3 水位动态测试数据的处理

检查数据采集器给出的分值曲线，或记录器的曲线，以30 min为一时段，以噪声水平小于0.2 cm为合格段；4日内全部时段的合格段所占比率大于或等于90%为合格环境；

计算水位趋势性变化量，以小于或等于2 cm/d为合格环境。

C.4.4 钻孔倾斜固体潮汐数据的处理

数据的处理按A.1.5的规定。

以月 M_2 波的相对误差小于0.04作为钻孔应变仪器和钻孔倾斜仪器的合格环境。

附 录 D
(规范性附录)
重力观测环境综合干扰的测试方法

D.1 测试原理

在对重力仪连续观测序列进行固体潮改正和去趋势后，消除偶发性事件的影响。因地震产生的干扰，应截去该时段数据；因对仪器进行调整而产生的突跳，采用加常数法消除，求得观测噪声的时间序列。通过对噪声时间序列的分析，判别干扰源是否存在和干扰的大小。

D.2 测试仪器

D.2.1 测试仪器与设备的数量

测试仪器与设备的数量见表D.1。

表D.1 重力观测仪器设备与数量

仪器设备名称	数量	备注
重力仪	1台	
数据采集器	1台	附有数字化采集功能的重力仪不需此设备
便携式计算机	1台	通用配置；具备相应接口；具备图形显示与数据处理软件
不间断电源	1台	1 000 W
蓄电池	2个	12 V/60 Ah
充电机	1台	6 V/20 A~24 V/20 A
辅助设备	1组	含温度计、气压计、卷尺、记录手簿、铁锹各1件

D.2.2 主要测试设备的性能指标

D.2.2.1 重力仪

重力仪的性能指标应符合表D.2的要求。

表D.2 重力仪性能指标

性能	技术指标
采集存储	带反馈输出或附数字化采集
分辨力	优于1×10^{-8} m/s^2
最小测量范围	大于200×10^{-5} m/s^2
输出通道	1道以上
输出接口	具反馈电压信号输出端口或具数字化采集存储

D.2.2.2 数据采集器

数据采集器的性能指标应符合表D.3的规定。

表 D.3　数据采集器性能指标

性能	技术指标
采样率	不少于1次每秒
测量范围	优于 -2 V ~ 2 V
分辨力	优于 0.1 mV
输入通道	2道以上
输出通道	2道以上
接口	接收重力仪反馈信号的端口，与计算机的 RS-232C 通信接口

D.3　测试过程

D.3.1　重力仪安置地点要求

重力仪应置于基岩或致密土层上，去除表层松软土层或破碎风化砂石。

D.3.2　测试系统的连接

测试系统按图 D.1 连接。

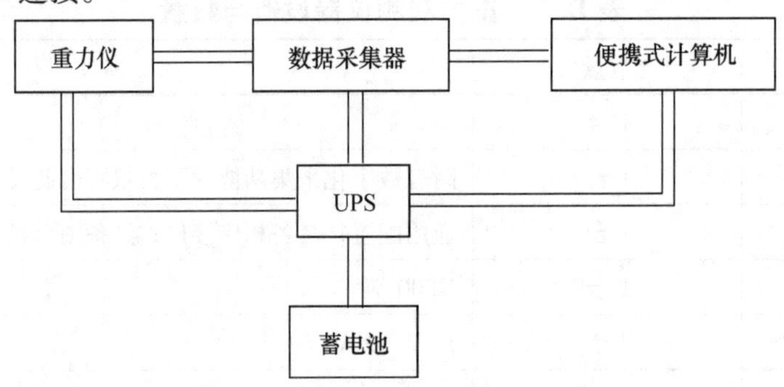

图 D.1　重力测量系统连接框图

D.3.3　采样率设置

采样率设置为每秒采集1次，数据存储为每分存储1次。

D.3.4　采集时段

振动、爆破类干扰事件的采集时段应至少连续 3 h，测试期间应至少发生所需测试的干扰事件 2 次以上，将采集的分值数据构成一个数据块；

载荷变化干扰事件的采集时段应至少覆盖载荷变化的一个最短周期，如果对已采集的数据分析，发现干扰事件引起的趋势畸变已经超过规定指标的 2 倍，则结束测试。测试时段的起算点为 00 h 00 min，连续测试时间长度应不少于 48 h。台站勘选综合干扰连续测试时间长度应不少于 48 h。将采集的分值数据按每 24 h 构成一个数据块。

D.4　数据处理

数据处理按如下流程进行：

—— 采集结束后将数据传送到计算机，将数据处理成时间序列；

—— 绘制分观测值时间序列曲线。

D.5　分析和计算

数据分析和计算按如下流程进行：

——对观测序列进行固体潮改正，并采用拟合法去趋势，消除测试期间与干扰事件无关的偶发性干扰事件，获取拟合趋势时间序列和观测噪声时间序列；
——分别作拟合趋势时间序列曲线和观测噪声时间序列曲线；
——计算干扰噪声的最大幅度(干扰噪声极大值和干扰噪声极小值的绝对值之和)；
——拟合趋势分析，当拟合趋势曲线发生与干扰事件对应的偏离正常趋势的畸变时，应采用抛物线拟合法拟合出畸变区间的正常趋势，计算出畸变区间正常值与畸变值之差值的时间序列(趋势畸变时间序列)；
——作趋势畸变时间序列曲线；
——计算趋势畸变最大幅度，即时间序列中绝对值最大的值。

D.6 干扰识别

干扰识别方法如下：
——干扰显著时，以干扰噪声的最大幅度作为干扰事件对重力观测的最大噪声干扰估值。以趋势畸变最大幅度作为干扰事件对重力观测的最大趋势干扰幅度的估算值。
——干扰噪声的最大幅度大于 4×10^{-8} m/s^2 或趋势畸变最大幅度大于 4×10^{-8} m/s^2 时，应判定有显著干扰。
——当干扰噪声的最大幅度小于等于 4×10^{-8} m/s^2，趋势畸变最大幅度小于等于 4×10^{-8} m/s^2 同时满足时为合格。

附 录 E
（规范性附录）
跨断层形变观测环境的综合干扰测试方法

E.1 载荷变化对跨断层形变水准观测环境干扰的测试方法

E.1.1 测试原理

观测点 A 选址时，应查明载荷变化源的影响。

在载荷变化源与观测点 A 的连线延长方向上设置另一观测点 B，观测点 A、B 间距离 S 约 300 m（见图 E.1）。

若载荷变化对观测点 A 产生干扰，则会改变 AB 间高差，据此判定是否存在载荷变化干扰。

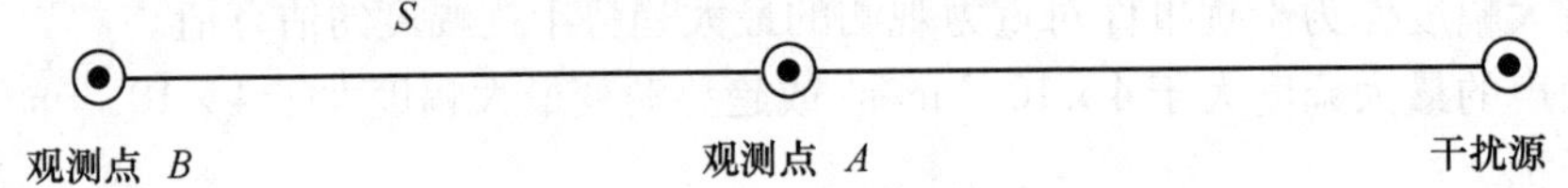

图 E.1 观测点场地示意图

E.1.2 测量设备

测试仪器设备与数量见表 E.1。

表 E.1 测试仪器设备和数量

仪器设备	数量
DINI 12 水准仪（或等精度以上的水准仪）	2 台套以上
配套的条形码标尺（或配套的铟钢标尺）	1 副（2 根）以上
电源、蓄电池	1 套
便携式计算机和软件	1 套
测绳	50 m
辅助设备（扶尺器，尺桩和锤，测伞）	1 套

E.1.3 测试方法

在观测点 A、B 之间布设水准观测场地。

设置仪器参数、选择测量模式。可当时往返测量。

在载荷最大和最小时间段分别测定 4 次 AB 高差 $h_{i,\max}$、$h_{i,\min}$（$i=1$，2，3，4）。

E.1.4 数据处理

数据处理按如下流程进行：

—— 从水准仪中读出其存储的观测数据；

—— 分别计算载荷最大和最小时的 AB 高差的平均值 $\overline{h_{\max}}$、$\overline{h_{\min}}$：

$$\overline{h_{\max}} = \frac{1}{4}\sum h_{i,\max}(i = 1,2,3,4) \qquad \text{(E.1)}$$

$$\overline{h_{\min}} = \frac{1}{4}\sum h_{i,\min}(i = 1,2,3,4) \qquad \text{(E.2)}$$

—— 按下式计算高差变化量 Δh:

$$\Delta h = (\overline{h_{max}} - \overline{h_{min}})/S \qquad \cdots\cdots(E.3)$$

E.1.5 干扰识别

干扰识别方法如下:

—— 以观测点 A、B 间高差变化量 Δh 作为判定载荷变化干扰存在的指标。

—— 当 $|\Delta h| \leqslant 4.5\times10^{-7}$时，则为合格。否则为干扰显著。

E.2 振动对跨断层形变水准观测环境干扰的测试方法

E.2.1 测试原理

观测点 A 选址时，查明振动源干扰影响。

在振动源与观测点 A(竖立标尺)的连线延长方向设置的另一观测点 B 上架设仪器，观测点 A、B 间距离 S 为 20 m ~ 30 m(见图 E.1)。

若振动对观测点 A 产生干扰，会使观测读数离散，从而降低精度，据此判定是否存在振动干扰。

E.2.2 测试设备

测试设备及数量见表 E.1，DINI 12 水准仪只需 1 台套。

E.2.3 测试方法

设置仪器参数(四次采样为一次读数、中误差的设置可大一些)。

振动源振动时观测，记录读数中误差。

E.2.4 数据处理

从水准仪中读出其存储的观测数据。

整理振动时每次读数中误差 $m_{i振}$。

E.2.5 干扰识别

以读数中误差作为判别振动干扰存在的指标。

E.2.6 干扰影响估算

列表统计 $m_{i振}$大小。当 $|m_{i振}| \geqslant 0.1$ mm 的个数小于等于 1 次时，则为合格。否则为干扰显著。

E.3 电磁源对断层形变 GPS 观测环境影响的测试方法

E.3.1 测试原理

观测点 A 选址时，查明电磁源。

在电磁源与观测点 A 连线延长方向上设置另一观测点 B，观测点 A、B 间距离 S 为 300 m ~ 500 m (见图 E.1)。

若电磁源对观测点 A 产生骚扰，会使接收信号畸变或传播路径改变，从而降低观测精度，据此判定是否存在电磁骚扰。

E.3.2 测试设备

测试设备及数量见表 E.2。

表 E.2 测试设备及数量

设备	数量
双频 GPS 接收机	2 台
扼流圈双波段大地型 GPS 天线	2 台
便携式计算机	1 台
电源：蓄电池(24 Ah)	2 个
帐篷	2 顶
辅助设备(小基座，三脚架，连接杆)	各 2 个

E.3.3 测试方法

在观测点A、B上分别安置GPS接收机。设定参数(观测高度角为5°，采样间隔为30 s)，两台仪器同步并连续作静态观测四个时段，每时段4 h。

E.3.4 数据处理

从GPS接收机下载数据到计算机。

使用GAMIT软件(或随机软件)采用精密星历进行数据处理。

按下式计算各基线分量重复精度：

$$R = \sqrt{\frac{\frac{n}{n-1}\sum_{i=1}^{n}\frac{(c_i-\bar{c})^2}{\sigma_i^2}}{\sum_{i=1}^{n}1/\sigma_i^2}} \qquad \text{(E.4)}$$

式中：

n——基线时段解的数目；

c_i——每条基线时段解的三个分量(南北向、东西向、垂直向)及基线长度值；

$\bar{c}$——c_i 的加权平均值，即：

$$\bar{c} = \frac{\sum_{i=1}^{n}c_i/\sigma_i^2}{\sum_{i=1}^{n}1/\sigma_i^2} \qquad \text{(E.5)}$$

σ_2^i——c_i 的方差。

E.3.5 干扰识别

以观测精度作为判定电磁干扰存在的指标。

E.3.6 干扰影响估算

以基线重复精度估算干扰。水平分量重复精度应不大于1.0 mm，垂直分量重复精度应不大于2.0 mm，否则为干扰显著。

ICS 91.120.25
P 15

中华人民共和国国家标准

GB/T 19531.4—2004

地震台站观测环境技术要求 第4部分:地下流体观测

Technical requirement for the observational environment of seismic stations—Part 4: Underground fluid observation

2004-06-21 发布　　2004-09-01 实施

中华人民共和国国家质量监督检验检疫总局
中国国家标准化管理委员会　发布

前　言

GB/T 19531《地震台站观测环境技术要求》分为以下几个部分：

——第1部分：测震；

——第2部分：电磁观测；

——第3部分：地壳形变观测；

——第4部分：地下流体观测。

本部分为GB/T 19531的第4部分。

本部分的附录A、附录B与附录C为规范性附录。

本部分由中国地震局提出。

本部分由全国地震标准化技术委员会(SAC/TC 225)归口。

本部分起草单位：中国地震局地质研究所、中国地震局分析预报中心、天津市地震局、河北省地震局、甘肃省地震局。

本部分主要起草人：车用太、孙天林、鱼金子、张培仁、邓守琴、刘耀炜、曹新来、于书泉、邢玉安、刘成龙。

引　言

我国是世界上多地震的国家，也是蒙受地震灾害最为深重的国家之一。减轻地震灾害，是保障社会经济持续、快速、稳定发展和人民生命财产安全的重要措施。

地震台站是获取多种学科观测数据的基地，而确保这些数据的质量和连续性是减轻地震灾害最基础的工作。

制定 GB/T 19531 的目的是向社会各方提供保护地震台站观测环境的技术依据和规范地震台站选址，依据是《中华人民共和国防震减灾法》第十四条和第十五条。

制定本部分的主要技术依据是，我国地震台站地下流体观测实践和其结果在地震分析预报中的应用经验及相关的理论与试验研究结果。

制定本部分的技术思路是，首先根据现有震例研究地下流体主要测项的前兆异常量级，取其最低值为各类干扰的限定量级，建立地下流体观测环境的技术指标；然后通过对全国地下流体观测干扰现状的普查，理清地下流体观测环境的主要干扰因素及其干扰特征与量级；在此基础上，进行相关的专题调研与试验研究，经过统计分析与理论计算，按照观测井区的水文地质条件分区与观测含水层的透水性分级，分别规定干扰源距地震台站的最小距离。

地震台站观测环境技术要求
第4部分：地下流体观测

1 范围

本部分规定了地震台站地下流体观测环境的技术指标、各类干扰源距观测井(泉)的最小距离及其相关的测试与计算方法。

本部分适用于各类地震台站地下流体观测环境的评估、管理与保护及新建台站的选址。

2 规范性引用文件

下列文件中的条款通过GB/T 19531的本部分的引用而成为本部分的条款。凡是注日期的引用文件，其随后所有的修改单(不包括勘误的内容)或修订版均不适用于本部分，然而，鼓励根据本部分达成协议的各方研究是否可使用这些文件的最新版本。凡是不注日期的引用文件，其最新版本适用于本部分。

GB 50027—2001　供水水文地质勘察规范

CJJ 16—1988　城市供水水文地质勘察规范

CJJ 17—2001　城市生活垃圾卫生填埋技术规范

3 术语及定义

下列术语和定义适用于本部分。

3.1

地下流体　underground fluid，ground fluid

充填于地面以下固体(格架)中可流动的水、气、油等呈液态、气态存在的介质的总称。

3.2

地下流体动态　behavior of underground fluid

地下流体物理特性和化学组分随时间的变化。包括：地下流体的年、月、日动态。

3.3

地下流体观测　observation of underground fluid

为了监测和研究与地壳活动有关联的地下流体动态而进行的观测。地下流体观测的主要测项是水位、水温、水(气)氡与水(气)汞。

3.4

地下流体观测环境　observational environment of underground fluid

保障地下流体台站得以正常发挥观测效能的周围各种因素的总体，其范围一般不超过观测井外围10 km半径的地区。又称观测井区。

3.5

地下流体动态干扰因素　interference factors of underground fluid behavior

改变地下流体物理特性与化学组分正常变化规律的非地震因素。

3.6

观测井(泉)　observation well(spring)

专门用于地震地下流体动态观测的井(泉)。

3.7

观测含水层　observation aquifer

被观测井揭露并作为地下流体各测项动态观测对象的含水层。

3.8

完整井　completely penetrating well

钻穿整个含水层厚度并把其全部都作为井-含水层系统过水段面的观测井。

3.9

稳定流抽水试验　steady-flow pumping test

为求得井-含水层系统的水文地质参数而进行的，要求抽水井的出水量与水位同时在一定延续时间内保持稳定的抽水试验。

3.10

允许干扰度　allowable interference degree

地震地下流体观测中，允许干扰引起的动态变化的相对幅度。

4　地下流体观测环境技术指标

4.1　地下流体主要测项的允许干扰度

4.1.1　水位观测的允许干扰度为10%。

4.1.2　水温观测的允许干扰度为50%。

4.1.3　水氡观测的允许干扰度为10%。

4.1.4　水汞观测的允许干扰度为50%。

4.2　地下流体主要测项干扰度的计算与限定环境干扰的技术要求

4.2.1　地下流体主要测项干扰度的计算，见附录A。

4.2.2　地下流体主要测项对环境干扰的限定要求是计算出的实际干扰度应小于允许干扰度。

5　各类干扰源与观测井的最小距离

5.1　确定各类干扰源与观测井间最小距离的水文地质学基础

5.1.1　观测井区的水文地质条件见表1。

表1　观测井区水文地质条件分区

水文地质条件分区	简单地区	中等地区	复杂地区
地形地貌	平原、宽谷、丘陵	山间盆地	形态多样，类型难辨
含水层分布	层状、边界清楚	层状、块状、边界不很清楚	带状、错综复杂、边界很不清楚
含水层岩性	松散层为单一砂层；基岩岩性单一	松散层有多种砂、砾石层；基岩岩性多样，不均一	松散层以砾石层为主；基岩岩性多变，很不均一
地质构造	单斜或平缓	一般褶皱与断裂发育	复杂褶皱与大型断层破碎带发育
岩溶	只发育小溶隙	发育有小规模溶洞	发育有大型暗河、溶洞
地下水补给、径流、排泄条件	清楚	不很清楚	很不清楚
水化学类型	单一	多样	复杂多样
注1：本表主要根据GB 50027—2001中表1.0.5《供水水文地质条件复杂程度分类》编制，同时还参考了CJJ 16—1988《城市供水水文地质勘察工作的复杂程度分类》的附录二。 注2：表中的分区方案及其水文地质条件，与GB 50027—2001表1.0.5的分类方案一致，但本表中把水文地质条件进一步细化、条理化。			

5.1.2 观测含水层岩性的分类，见表2。

表2 观测含水层的岩性分类

大类	种类	基本特征
基岩类	一般基岩（岩浆岩、变质岩、砂岩等）	坚硬致密，裂隙发育时可成为含水层
	碳酸盐岩（石灰岩、白云岩等）	具有可溶性，溶隙、溶洞发育时可成为含水层
松散砂土类	卵石	粒径大于20 mm的颗粒含量大于50%
	砾石	粒径大于2 mm的颗粒含量大于50%
	粗砂	粒径大于0.5 mm的颗粒含量大于50%，粒径大于2 mm的颗粒含量小于10%，粒径小于0.05 mm的颗粒含量小于3%
	中砂	粒径大于0.25 mm的颗粒含量大于50%，粒径大于2 mm的颗粒含量小于10%，粒径小于0.05 mm的颗粒含量小于3%
	细砂	粒径大于0.1 mm的颗粒含量大于75%，粒径大于2 mm的颗粒含量小于10%，粒径小于0.05 mm的颗粒含量小于3%
	粉砂	粒径大于0.1 mm的颗粒含量小于75%，粒径小于0.05 mm的颗粒含量大于20%
	亚砂土	粒径小于0.005 mm的颗粒含量为3%～10%，粒径为0.005 mm～0.05 mm的颗粒含量少于粒径大于0.05 mm的颗粒含量
	亚黏土	粒径小于0.005 mm的颗粒含量为10%～30%，粒径为0.005 mm～0.05 mm的颗粒含量少于粒径大于0.05 mm的颗粒含量
	黏土	粒径小于0.005 mm的颗粒含量大于30%，粒径为0.005 mm～0.05 mm的颗粒含量与粒径大于0.05 mm的颗粒含量要少于粒径小于0.005 mm的颗粒含量

5.1.3 观测含水层透水性的分级，见表3。

表3 观测含水层的透水性分级

透水性分级	极强透水	强透水	透水	弱透水	不透水
渗透系数 K $m \cdot d^{-1}$	≥100	100～10(含10)	10～1(含1)	1～0.001(含0.001)	<0.001
松散层岩性的参考标志	卵石	砾石－中砂	细砂－粉砂	亚砂土－亚黏土	黏土
基岩岩体结构特征的参考标志	大型未胶结的断层破碎带，岩溶、暗河发育区	岩体呈碎块状，裂隙组数4～5组，裂隙间10 cm～50 cm，裂隙张开，纵横交错，相互完全连通	岩体呈块裂状，裂隙组数3～4组，裂隙间距50 cm～100 cm，裂隙张开，纵横交错与连通	岩体呈块状，裂隙组数2～3组，裂隙间距50 cm～100 cm，裂隙紧闭，彼此连通性差	岩体呈完整状，裂隙组数1～2组，裂隙间距大于100 cm，裂隙紧闭，彼此不连通

注1：本表中的透水性分级及其相应的渗透系数值，是根据《水文地质手册》表8－1－11、表8－1－12与表8－1－13及《岩体工程地质力学入门》表3－4、表3－5、表4－10综合而成。

注2：由于实际工作中，并不是所有井区或观测含水层中均可得到确切的渗透系数值，为此本表中还提出在松散层区按岩性与基岩区按岩体结构特征判定含水层透水性分级的参考标志。

5.2 地表水体(江、河、湖、海、水渠、水库等)的边界和观测井的最小距离

5.2.1 地表水体与观测含水层有水力联系并有观测含水层的透水性值时，应符合下列要求：

a）观测含水层为弱透水层时，应大于1 km；

b）观测含水层为透水层时，应大于5 km；

c）观测含水层为强透水层时，应大于10 km。

5.2.2 地表水体与观测含水层有水力联系，但缺少观测含水层透水性值时，应按井区的水文地质条件分区确定并符合下列要求：

a）水文地质条件简单地区，应大于1 km；

b）水文地质条件中等地区，应大于5 km；

c）水文地质条件复杂地区，应大于10 km。

5.2.3 地表水体与观测含水层无水力联系，但观测含水层顶板埋深小于500 m时，应符合下列要求：

a）在沿海地区，应大于10 km；

b）在大型水库区，应大于6 km；

c）在江河岸边区，观测含水层岩性为粉砂和细砂时应大于1 km，观测含水层岩性为中砂时应大于3 km，观测含水层岩性为粗砂和砾石时应大于5 km。

5.3 地下水开采或注水井和观测井的最小距离

5.3.1 在观测井区范围内，揭露有与观测层同属一个含水层的钻孔时，应按附录B的要求进行抽水试验与按附录C的要求进行水文地质计算，然后再确定地下水开采井和观测井间的最小距离。

5.3.2 在观测井区范围内，已有相关的抽水试验及其影响半径的观测和计算资料时，不需另进行试验与计算，直接引用其结果。

5.3.3 在没有条件进行抽水试验的松散砂质孔隙含水层区，开采层与观测层同属一个含水层时，最小距离应按观测含水层的岩性确定，并符合下列要求：

a）观测含水层岩性为粉砂时，应大于1 km；

b）观测含水层岩性为细砂时，应大于1.5 km；

c）观测含水层岩性为中砂时，应大于2.5 km；

d）观测含水层岩性为粗砂时，应大于3 km；

e）观测含水层岩性为砾石时，应大于6 km。

5.3.4 在没有条件进行抽水试验的基岩裂隙含水层区或碳酸盐岩岩溶含水层区，开采层与观测含水层层同属一个含水层(带)时，最小距离应按观测井区水文地质条件分区确定，并符合下列要求：

a）观测井区水文地质条件简单时，应大于1 km；

b）观测井区水文地质条件中等时，应大于5 km；

c）观测井区水文地质条件复杂时，应大于10 km。

5.3.5 在观测井区范围内，有同层注水井时，注水井与观测井间的最小距离应大于1 km。

5.3.6 在观测井区范围内，开采层或注水层和观测层不属于同一个含水层，其间发育有厚度大于20 m并分布均匀的不透水层时，不需考虑地下水开采或注水对地震地下流体动态的干扰。

5.4 矿区与观测井的最小距离

5.4.1 有爆破作业的矿区，爆破作业点到观测井的最小距离应大于5 km。

5.4.2 有矿震(冲击地压、岩爆)活动矿区，矿震活动区边界到观测井的最小距离应大于2 km。

5.4.3 有矿井疏干排水的矿区，当疏干层与观测层有水力联系时，最小距离应按观测含水层透水性分级确定并符合下列要求：

a）观测含水层为弱透水层时，应大于1 km；

b）观测含水层为透水层时，应大于5 km；

c）观测含水层为强透水层时，应大于10 km。

5.5 其他干扰源与观测井(点)的最小距离

5.5.1 在观测井区范围内有铁路通过并观测含水层的顶板埋深小于100 m时，铁路路堤边缘与观测井的最小距离，应大于0.5 km。

5.5.2 有滑坡与泥石流等现今地质动力作用活动区，观测井与活动区最大边界间的最小距离，应大于1 km。

5.5.3 有垃圾或污水存放与处理的地区，应按CJJ 17—2001第4.0.2条的要求，观测井(点)与垃圾或污水存放与处理区边界的最小距离，应大于0.5 km。

附 录 A
(规范性附录)
地下流体主要测项允许干扰度的计算方法

A.1 计算或提取出相关测项的时均值或时值、日均值或日值、月均值数列。

A.2 日动态中的允许干扰量计算时，应以时均值或时值为单元；分别计算或提取出干扰前1个月正常时段每时的时均值或时值与干扰时段每时的时均值或时值。

A.3 月动态中的允许干扰量计算时，应以日均值为基本单元；分别计算或提取出干扰前3个月正常时段每日的日均值或日值与干扰时段每日的日均值或日值。

A.4 年动态中的允许干扰量计算时，应以月均值为基本单元；分别计算出干扰前3年正常时段每月的月均值与干扰时段每月的月均值。

A.5 选取正常时段最大值(N_{max})及最大变化幅度值(ND_{max})，即最大值与最小值之差。

A.6 选取干扰时段干扰引起的最小值(I_{min})。

A.7 地下流体主要测项的允许干扰度(n)，按下列公式计算：

$$n = \frac{|I_{max} - N_{max}|}{ND_{max}} \times 100\% \quad \text{(A.1)}$$

A.8 计算地下流体主要测项允许干扰度时，必须排除下列时段的数值：

a) 观测技术系统工作不正常时段；

b) 观测人员操作不规范时段；

c) 台站所在区域有破坏性地震活动的时段。

A.9 地下流体主要测项允许干扰度的计算，应以发现有可疑干扰源为前提。

附 录 B
(规范性附录)
抽水试验及基本要求①

B.1 抽水试验，按表 B.1 的要求进行分类。

表 B.1 抽水试验的分类

分类	稳定流抽水试验	非稳定流抽水试验
单井抽水试验	只有一口井抽水；抽水井的出水量与水位在规定延续时间内同时保持相对稳定	只有一口井抽水；抽水井的出水量与水位在规定延续时间内不能保持相对稳定，仍表现出一定趋势变化
多井抽水试验	一口井抽水，另有 1 口以上的观测孔中观测水位；抽水井的出水量与观测孔的水位在规定延续时间内同时保持相对稳定	一口井抽水，另有 1 口以上的观测孔中观测水位；抽水井的出水量与观测孔的水位在规定延续时间内不能保持相对稳定，仍表现出一定趋势变化

B.2 有水位观测孔的多井抽水试验时，观测孔到抽水井的最小距离应大于 50 m。

B.3 抽水井的水位下降总深度，应大于 15 m。

B.4 抽水试验时，应注意如下事项：

a) 观测抽水井的出水量和水位变化及观测孔的水位变化；

b) 出水量观测误差应不超过 1×10^{-1} m^3/h，水位观测误差应不超过 1 cm；

c) 各项观测时间为：开始抽水的第一小时每 5 min 测 1 次，第二小时每 10 min 测 1 次，以后每 0.5 h 测 1 次；停止抽水后，第一小时每 5 min 测 1 次，第二小时每 10 min 测 1 次，以后每 0.5 h 测 1 次，一直观测到出水量与水位恢复稳定为止。

B.5 抽水试验中的稳定流判定标准如下：

a) 抽水井的出水量和观测孔的水位已无持续下降或持续上升的变化趋势；

b) 出水量波动率小于 5%；

c) 水位变化幅度小于 5 cm。

B.6 稳定流抽水试验时，出水量与水位稳定后，稳定抽水持续时间应不小于 24 h。

B.7 如果不能满足多井抽水试验的要求时，可进行单井抽水；单井稳定流抽水试验的要求与有观测孔的稳定流抽水试验的要求相同。

B.8 如果连续抽水 24 h 以上，抽水井出水量还不能相对稳定时，可视为非稳定流抽水。

---

① 本附录的各条款，主要参考 GB 50027 — 2001《供水水文地质勘察规范》中的 6.2.3、6.2.4 和 CJJ 16 — 1988《城市供水水文地质勘察规范》中的 2.4.11、2.4.12、2.4.13 等的规定，并结合地震地下流体动态观测的实践经验，经综合分析制定。

附 录 C
(规范性附录)
抽水干扰距离的计算公式①

C.1 抽水井抽水对观测孔水位动态产生干扰的距离，根据抽水试验结果进行计算。

C.2 对不同类型的抽水试验，采用如下不同的计算公式：

a）承压含水层中有一个观测孔的多井稳定流抽水试验时：

$$\lg R = \frac{S_w \lg r_1 - S_1 \lg r_w}{S_w - S_1} \quad \cdots\cdots(C.1)$$

b）承压含水层中无观测孔的单井稳定流抽水试验时：

$$\lg R = \frac{2.73KMS_w}{Q} + \lg r_w \quad \cdots\cdots(C.2)$$

c）承压含水层中单井非稳定流抽水试验时：

$$R = 10S_w\sqrt{K} \quad \cdots\cdots(C.3)$$

式中：

R —— 抽水对观测井水位动态产生干扰的距离，单位为米(m)；

S_w —— 抽水井中的水位降深，单位为米(m)；

r_w —— 抽水井的半径，单位为米(m)；

S_1 —— 观测孔中水位降深，单位为米(m)；

r_1 —— 观测孔到抽水井的水平距离，单位为米(m)；

Q —— 抽水井的出水量，单位为立方米每天(m^3/d)；

M —— 观测含水层的厚度，单位为米(m)；

K —— 观测含水层的渗透系数，单位为米每天(m/d)。

C.3 计算求得的 R 值，作为判定抽水干扰距离的依据。

---

① 本附录中，公式(C.1)、(C.2)、(C.3)引自《水文地质手册》中的表 8-1-16 "影响半径(R)计算公式一览表"。

参考文献

[1] 国家地震局地下水动态影响因素研究组．地震地下水动态及其影响因素分析．北京：地震出版社，1985

[2] 汪成民等．中国地震地下水动态观测网．北京：地震出版社，1990

[3] 张炜等．水文地球化学地震前兆观测与预报．北京：地震出版社，1992

[4] 周坤根．井水位观测资料的海潮改正问题．地壳形变与地震．9卷4期．1989

[5] 地质矿产部水文地质工程地质技术方法研究队主编．水文地质手册．北京：地质出版社，1978

[6] 车用太等编．岩体工程地质力学入门．北京：科学出版社，1983

[7] 国家地震局监测预报司地震地下水手册．北京：地震出版社，1995

ICS 91.120.25
P 15

中华人民共和国国家标准

GB 21075—2007

水库诱发地震危险性评价

Reservoir – induced earthquake hazard assessment

2007-08-20 发布　　2008-03-01 实施

中华人民共和国国家质量监督检验检疫总局
中国国家标准化管理委员会　发布

前　言

本标准的第 4 章、5.1、5.2 为强制性条文，其他的技术内容为推荐性的。

本标准的附录 A、附录 B、附录 C、附录 D 为资料性附录。

本标准由中国地震局提出。

本标准由全国地震标准化技术委员会(SAC/TC 225)归口。

本标准起草单位：中国地震局地质研究所、中国水利水电科学研究院、防灾科技学院、北京市地震局、中国地震局地壳应力研究所、湖北省地震局、中国地震局地球物理研究所。

本标准主要起草人：杨清源、胡毓良、汪雍熙、薄景山、胡平、苏恺之、李安然、陈献程、冯义钧。

引　言

本标准中水库诱发地震(reservoir - induced earthquake)是指由于水库蓄水或水位变化而引发的地震。当前有使用水库诱发地震和水库触发地震(reservoir - triggered earthquake)的称谓以区别引发地震成因机制上的不同。前者认为水库周围的原始地壳应力不一定处于破坏的临界状态，水库蓄水或水位变化后使原来处于稳定状态的结构面失稳而发生地震；而后者认为水库周围的地壳应力已处于破坏的临界状态，水库蓄水或水位变化后使原来处于破坏临界状态的结构面失稳而发生地震。本标准只规范对水库蓄水或水位变化后发生地震的危险性进行评价的相关问题，并不涉及引发地震的成因，因此采用国内外比较一致的做法，将由于水库蓄水或水位变化而引发的地震定义为水库诱发地震。

水库诱发地震危险性评价是水利水电工程安全性评价中的重要部分。国家标准 GB 17741《工程场地地震安全性评价》没有对水库诱发地震危险性评价的相关内容作出规定，而且工程场地地震安全性评价不能完全涵盖水库诱发地震危险性评价的全部技术内容。水库诱发地震危险性评价是在水库修建之前根据水库影响区的地震地质条件对水库诱发地震的可能性、可能发震库段和最大震级进行评价以及水库蓄水之后一定时期内的跟踪监测工作。

我国是发生水库诱发地震较多的国家之一，已知发震水库有20 多例。新丰江水库是世界上第一个发生6.0 级以上地震的水库，并造成了严重的水库诱发地震灾害。我国对水库诱发地震的研究从1960年开始，地震系统和水利水电等部门进行了多方面的研究，取得一定的进展。因能源、防洪、供水等方面的需求，未来一段时间我国将建设许多高坝大库工程，对水库诱发地震危险性评价提出了更高的要求。

编制本标准有助于规范水库诱发地震危险性评价工作，增强水利水电工程安全管理意识，促进水库诱发地震危险性评价工作的健康发展。

水库诱发地震危险性评价

1 范围

本标准规定了水利水电工程水库影响区的水库诱发地震危险性评价的工作内容、技术要求和工作方法。

本标准适用于新建、扩建的大型水利水电工程的抗震设计、工程选址和水库影响区的防震减灾。

2 规范性引用文件

下列文件中的条款通过本标准的引用而成为本标准的条款。凡是注日期的引用文件，其随后所有的修改单(不包括勘误的内容)或修订版均不适用于本标准，然而，鼓励根据本标准达成协议的各方研究是否可使用这些文件的最新版本。凡是不注日期的引用文件，其最新版本适用于本标准。

GB 17741 工程场地地震安全性评价

DB/T 14 原地应力测量 水压致裂法和套芯解除法 技术规范

3 术语和定义

下列术语和定义适用于本标准。

3.1

水库诱发地震 reservoir - induced earthquake

由于水库蓄水或水位变化而引发的地震。

注：改写 GB/T 18207.2 — 2005，定义 1.1.6。

3.2

水库诱发地震库段 segment of reservoir - induced earthquake

水库蓄水可能出现水库诱发地震的区段。

3.3

水库区 reservoir area

水库正常蓄水位淹没的范围。

3.4

水库影响区 reservoir influenced area

水库区及其外延 10 km 的范围。

4 水库诱发地震危险性评价工作分级和工作内容

4.1 水库诱发地震危险性评价工作按工程规模和实际需要分为甲、乙两级。

4.2 甲级工作适用于坝高大于等于 200 m 或库容大于等于 5×10^9 m³ 或附近有核电站、直接威胁大城市安全的大型水利水电工程项目，工作应包括下列内容：

a) 水库区地质调查，系统收集区域地质构造和地震资料，收集资料的区域不超过 150 km；

b) 水库影响区地震活动背景研究；

c) 收集水库影响区深部构造探测资料，需要时应进行深部构造探测工作；

d) 收集水库影响区的地应力测量资料，需要时应进行深孔原地应力测量工作；

e) 确定性评价和概率评价水库诱发地震危险性。

4.3 乙级工作适用于坝高在 100 m ~ 200 m 之间或库容在 5×10^8 m³ ~ 5×10^9 m³ 之间的水利水电工程，

工作应包括下列内容：

a）水库区地质调查，水库影响区地震活动背景研究，地应力基本资料收集；

b）确定性评价和概率评价水库诱发地震危险性。

4.4 小于乙级工程需做水库诱发地震危险性评价的大型水利水电工程，按乙级工作内容进行。

4.5 扩建的工程扩建后当坝高或库容规模达到工作分级新一级规模时，应按扩建后所在级别的工作内容进行水库诱发地震危险性评价。

5 主要工作图件及编图要求

5.1 图件比例尺应为1:200 000～1:500 000；所有图件应标明水库区和坝址的位置。地质编图范围以水库影响区为主，当有区域断裂时应在水库影响区范围基础上外延。

5.2 地质图的编制应包括下列内容：

a）水库影响区的主要断裂分布、产状、性质和最新活动方式；

b）水库区库水能接触到的地层岩性组合或岩石结构类型、时代和界线；

c）泉水(冷泉和热泉)出露点的位置。

5.3 地震震中分布图，应标明资料的起止年代和地震震级。

5.4 水库诱发地震危险性评价图：标示水库影响区各库段水库诱发地震的震级、烈度或地震动参数。

6 水库区地质调查基本要求

6.1 地质图比例尺不小于1:200 000，地形图比例尺不小于1:100 000为底图，对水库区范围内地质条件进行调查。

6.2 复核水库区主要断裂的位置、产状和力学性质，收集活动断裂的资料。

6.3 收集和分析各类不连续面的含水性、渗透性和封闭条件。调查和测量节理的方向、密度和性质；绘制节理测量的赤平投影图或玫瑰图。

6.4 复核水库区地层、岩性、产状、组合关系和水文地质特征的资料。

6.5 调查和收集水库区可溶岩的分布、岩溶的发育程度、规模及与库水的联系。

6.6 收集和调查水库区大型不稳定岩体的资料。

6.7 收集和重点复核水库区泉的出露地点、流量、水温(热泉)、成因。

7 水库影响区的地震活动背景和地应力场

7.1 地震目录的使用应符合GB 17741的规定，可利用地方台站和工程台网的测震资料。

7.2 调查和收集水库区有感地震及其成因，复核水库区震级大于3.0级地震的震中烈度和震级大于等于4.7级地震的等震线。

7.3 调查收集水库影响区内的采矿点爆炸源、人工震动源、其他类型的诱发地震。

7.4 水库影响区地应力场调查应包括下列内容：

a）收集水库影响区和邻区地震的震源机制解，包括小地震综合断层面解资料；

b）收集水库影响区和邻区的原地应力测量资料，必要时做点实际调查。

注：邻区范围以上述二者之一的资料能够确定出水库区地应力状态即可。

7.5 甲级工作还应做如下工作：

a）应对水库影响区历史地震震中位置和震源深度进行复核；

b）蓄水前当区域或地方台网不能控制水库影响区等于大于1.0级地震时，应设地震监测台网，监测水库影响区地震活动背景；

c）需要进行深孔原地应力测量时，深孔原地应力测量应执行DB/T 14的规定。

注：深孔的深度取最大主应力由水平转向垂直的深度，一般在300 m。

7.6 水库诱发地震危险性评价在蓄水前进行，与水库诱发地震监测台网没有直接联系，需要跟踪监测水库诱发地震活动时应建立水库诱发地震监测台网。

8 确定性评价

8.1 水库诱发地震库段的划分

8.1.1 应考虑下列地震、地质条件进行划分：

a）地形地貌特征；

b）岩性组合或岩体结构性状；

c）构造位置、断裂的性质、活动时代、方式、胶结状况；褶皱的形态和规模；

d）水文地质条件：地下水类型、含水和透水不连续结构面的性质，补水和排水的关系，岩溶的分布、发育程度和规模；

e）渗透条件：包括地表覆盖、地下透水通道、封闭条件；

f）地应力场及与主要断裂的关系；

g）地震活动背景。

8.1.2 依据附录A划分出三种库段：

a）诱发地震可能性较大的库段；

b）诱发地震可能性较小的库段；

c）不易诱发地震库段。

8.2 水库诱发地震最大震级的确定

按地震、地质和工程条件确定水库诱发地震最大震级：

a）水库条件的类比：与发生诱发地震的水库进行地震、地质和工程条件对比，认为具有类似条件的水库有发生相同强度地震的可能性；

b）水库影响区范围内历史地震的最大震级；

c）根据诱发地震断层的长度计算水库诱发地震的震级，计算方法见附录B。

9 概率评价

9.1 收集国内外大型水利水电工程中水库诱发地震的震例资料，并随机选取一定数量未发生水库诱发地震的大型工程实例，共同组成样本集。样本集中水库诱发地震震例与样本总数的比例应不小于12%。样本总数不得少于234个。

9.2 确定水库诱发地震的诱震因素。诱震因素包括：库深、库容、岩性组合或岩体结构类型、构造应力环境或地应力状态、断层活动性、地震活动背景、水文地质结构面发育情况、水文地质结构面与库水的关系、岩溶发育程度。其中库深、岩性组合或岩体结构类型、构造应力环境或地应力状态、断层活动性等是基本因素，必须选取。基本因素之外应再另选若干因素共同组成诱震因素集，因素选取的数量应不少于5个。

9.3 诱震因素以其“状态”来表示，每种因素可分成几种状态，但至少应分为两种状态。各种因素状态的划分方法见附录C。

9.4 确定预测目标，即对预测的水库诱发地震最大震级进行分档(分成若干区间)，震级分档要适当，既要考虑震级间隔也要考虑到样本的数目，档次应不少于两档。

9.5 统计样本不同震级档次所属的因素及其状态。以诱震因素集中每一个因素不同的状态构成引发该震级档次的诱震因素组合条件，并统计其发生概率。

9.6 分析被评定的水库各诱发地震库段的诱发地震因素及其状态。以诱震因素集中每一个因素所属的状态构成该水库库段诱震因素的组合条件，以A_j表示。

9.7 按式(1)分别计算多因素状态下可能诱发地震各库段不同震级的地震概率：

$$P(M_i/A_j)=\frac{P(M_i)P(A_j/M_i)}{\sum_{i=1}^{n}P(M_i)P(A_j/M_i)} \qquad (1)$$

式中：

$P(M_i/A_j)$ —— 要预测的某震级水库诱发地震的概率；

M_i —— 水库诱发地震事件震级的类别，($i=0$，1，2，…，n)；

A_j —— 水库各诱发地震库段各诱震因素及其相应的状态，即诱震因素组合条件，($j=1$，2，3…)；

$P(M_i)$ —— 各不同震级地震类别的验前概率；

$P(A_j/M_i)$ —— 不同震级条件下不同诱震因素组合条件的验前概率。

10 水库诱发地震危险性的综合评价

10.1 水库诱发地震最大震级的评价

10.1.1 水库各库段诱发地震最大震级由各种诱震条件确定的结果进行综合评价。综合评价最可能发生的最大震级作为该库段水库诱发地震的最大震级。当确定性评价和概率评价结果不一致时，以确定性评价为主。

10.1.2 综合各库段的水库诱发地震最大震级，做出该水库诱发地震危险性的总体评价。

10.2 水库诱发地震危害性的评价

10.2.1 水库诱发地震震中烈度与震级的一般关系见附录D。给出水库各库段水库诱发地震的烈度值。

10.2.2 水库诱发地震烈度衰减关系见附录D的椭圆形衰减模型。当水库诱发地震危险性评价诱发地震烈度大于Ⅵ度时，应评价水库诱发地震对水工建筑物和库区环境可能带来的危害性。

附 录 A
（资料性附录）
水库诱发地震库段划分的依据

表 A.1 水库诱发地震库段划分的依据

库段	库段划分的依据				
	河谷地貌形态	构造部位	岩性条件	渗透条件	地震活动背景
水库诱发地震可能性较大的库段	峡谷、V型谷纵向谷、岸坡陡立、基岩裸露、存在不良地质体	背斜的核部、向斜的翼部、含水和透水的张性断面构造部位、存在顺河向不连续面	大面积质纯层厚产状较平缓的灰岩、白云质灰岩、纯大理石或块状岩体	基岩裸露地段、地下暗河、岩溶管道成网、活动断层	活动区、弱震区、无震区
	峡谷、V型谷纵向谷、岸坡陡立、基岩裸露、存在不良地质体	含水和透水的张性断面构造部位、存在顺河向不连续面	火成岩侵入体和巨厚火山熔岩或称块状岩体	基岩裸露地段，基岩中有连通性好的透水通道，活动断层	活动区、弱震区、无震区
水库诱发地震可能性较小的库段	宽谷、岸坡平缓、峡谷	断层裂隙不发育	中、薄层灰岩及中、薄层灰岩与碎屑岩、泥灰岩等互层或称层状岩体	岩溶不太发育	活动区、弱震区、无震区
不易诱发地震库段	宽谷、岸坡平缓	断层裂隙不发育，层间连通性差	变质岩中的片岩、板岩和沉积岩中的页岩、砂岩、砾岩的碎屑岩系；第四系中的砂砾岩、页岩及土层等松散岩系	地表有松软层覆盖	活动区、弱震区、无震区

附　录　B
（资料性附录）
根据断层长度计算水库诱发地震震级的方法

B.1　断层长度与水库诱发地震震级间的统计关系如下：

a）断层长度 0 km～5 km，诱发地震震级是 $M<4.0$；

b）断层长度 5 km～10 km ，诱发地震震级是 $4.0\leqslant M<6.0$；

c）断层长度 10 km～20 km，诱发地震震级为 $6.0\leqslant M<6.5$。

B.2　震级与断层长度间关系形式为：

$$M = A\lg L + B \qquad \text{(B.1)}$$

式中：

M——震级；

L——断层长度，单位为千米(km)；

A、B——待定系数。

系数 A、B 要通过该地区一定数量的地震及引起地震断层长度间进行拟合而得出。应用式(B.1)参与拟合的地震断层长度测量要准确，估算水库诱发地震能引起的断层长度要合理。在一个地区若水库诱发地震断层的样本数满足不了拟合震级计算公式，可补充一定数量震源深度较浅的天然地震资料。

附　录　C
（资料性附录）
水库诱发地震因素状态

表 C.1　水库诱发地震因素状态表

诱震因素	状态				
	1	2	3	4	5
库水深度 D/m	D_1：深度大于140 m	D_2：深度为90 m～140 m	D_3：深度小于90 m		
	D_1：深度大于150 m	D_2：深度为92 m～150 m	D_3：深度小于92 m		
库容 V/亿立方米	V_1：库容大于等于100亿立方米	V_2：库容为20亿立方米～100亿立方米	V_3：库容小于20亿立方米		
应力状态 S	S_1：挤压	S_2：拉张	S_3：剪切		
	S_1：逆断层环境	S_2：正断层环境	S_3：走滑断层环境		
断层活动性 F	F_1：活动	F_2：不活动			
岩性条件 R	R_1：碳酸岩	R_2：花岗岩	R_3：沉积岩[a]	R_4:火山和火成岩[b]	R_5：变质岩
岩体类型 G	G_1：块状岩体	G_2：层状岩体	G_3：碳酸盐岩体		
地震活动背景 B	B_1：强活动区（烈度大于等于Ⅷ度）	B_2：中等活动区（烈度大于等于Ⅶ且小于Ⅷ度）	B_3：弱震（烈度小于Ⅶ度）		
	B_1：活动区（烈度大于等于Ⅷ度）	B_2：弱震区（烈度大于等于Ⅵ且小于Ⅷ度）	B_3：无震区（烈度小于Ⅵ度）		
水文地质结构面发育情况 FD	FD_1：导水深度大于2 000 m	FD_2：导水深度为500 m～2 000 m	FD_3：导水深度小于500 m		
水文地质结构面与库水接触关系 FC	FC_1：直接接触	FC_2：不直接接触但有连通	FC_3：不连通		
岩溶发育程度 SK	SK_1：强	SK_2：弱	SK_3：不发育		

[a] 不含碳酸盐。

[b] 不含花岗岩。

附　录　D
（资料性附录）
水库诱发地震烈度与震级的关系以及烈度的衰减关系

D.1　水库诱发地震震级与震中烈度的一般关系

水库诱发地震震级与震中烈度的一般关系见表 D.1。

表 D.1　水库诱发地震震级与震中烈度的一般关系

震级	烈度	备注
3.0~3.9	Ⅴ	常可达Ⅵ度
4.0~4.9	Ⅵ	少数达Ⅶ度
5.0~5.9	Ⅶ	个别达Ⅷ度
6.0~6.5	Ⅷ	或比Ⅷ度强

D.2　水库诱发地震烈度的衰减关系

收集水库诱发地震的烈度资料，在我国发震水库除参窝在东北地区，其他基本在华中南和西南地区。在华中南和西南地区可用水库诱发地震的烈度衰减关系。

水库诱发地震的烈度衰减关系采用椭圆型衰减模型，其形式为：

$$I = C_1 + C_2M + C_3\lg(R + R_0) + \varepsilon \qquad \text{(D.1)}$$

式中：

I——地震烈度；

C_i——回归常数，其中 $i=1，2，3，\cdots，n$；

M——震级；

R——震中距，单位为千米(km)；

R_0——近场距离饱和因子，单位为千米(km)；

ε——随机变量。

采用天然地震烈度的衰减关系，应符合 GB 17741 的规定，并用震源深度小于 15 km 的浅震。

参 考 文 献

［1］中国地震局．GB/T 18207.1 — 2000　防震减灾术语　第1部分：基本术语［S］．北京：中国标准出版社，2000.

［2］全国地震标准化技术委员会．GB/T 18207.2 — 2005　防震减灾术语　第2部分：专业术语［S］．北京：中国标准出版社，2005.

［3］水利部长江勘测技术研究所．SL 245 — 1999　水利水电工程地质观测规程［S］．北京：中国水利水电出版社，1999.

［4］胡毓良等．长江三峡工程水库诱发地震问题的研究［M］//现今地球动力学研究及其应用．北京：地震出版社，1994

［5］汪雍熙等．水库诱发地震研究［M］//中国水利发电工程：工程地质卷．北京：中国电力出版社，2000

［6］Hu Yuliang，Zhao Meng，et. al.. Estimation of Potential Risk of reservoir - induced Earthquake for the Proposed Hydroelectric Projection the Yangtze Gorges［J］. Earthquake Research in China，1995，9(4).

ICS 91.120.25
P 15

中华人民共和国国家标准

GB 21734—2008

地震应急避难场所 场址及配套设施

Emergency shelter for earthquake disasters—Site and its facilities

2008-05-07 发布

2008-12-01 实施

中华人民共和国国家质量监督检验检疫总局
中国国家标准化管理委员会 发布

前　言

本标准第5.1条、第5.2条、第5.3条、第6.1条、第6.2.1条、第6.2.2条、第6.3.1条、第6.3.4条、第6.3.5条和第7.2条的技术内容为强制性，其余的为推荐性。

本标准由中国地震局提出。

本标准由全国地震标准化技术委员会(SAC/TC 225)归口。

本标准起草单位：北京市地震局、中国地震局工程力学研究所、山东省地震局、陕西省地震局。

本标准主要起草人：杨国宾、张敬军、宋伟、苗崇刚、孙柏涛、黎益仕、周长兴、李洋、都吉夔、范增节、侯建盛。

本标准首次发布。

引　言

为了应对地震突发事件，防御与减轻地震灾害，科学合理地建设地震应急避难场所，为居民提供应急避险空间，快速有序地疏散安置居民，制定本标准。

本标准所作的各项规定，是建立在“统一规划、平震结合、因地制宜、综合利用、就近疏散、安全与通达”的地震应急避难场所建设原则的基础上。

地震应急避难场所　场址及配套设施

1　范围

本标准规定了地震应急避难场所的分类、场址选择及设施配置的要求。

本标准适用于经城乡规划选定为地震应急避难场所的设计、建设或改造。

2　规范性引用文件

下列文件中的条款通过本标准的引用而成为本标准的条款。凡是注日期的引用文件，其随后所有的修改单(不包括勘误的内容)或修订版均不适用于本标准，然而，鼓励根据本标准达成协议的各方研究是否可使用这些文件的最新版本。凡是不注日期的引用文件，其最新版本适用于本标准。

GB 5749—2006　生活饮用水卫生标准

GB 18208.2—2001　地震现场工作　第2部分：建筑物安全鉴定

GB 18306—2001　中国地震动参数区划图

JGJ 50—2001　城市道路和建筑物无障碍设计规范

3　术语和定义

下列术语和定义适用于本标准。

3.1

地震应急避难场所　emergency shelter for earthquake disasters

为应对地震等突发事件，经规划、建设，具有应急避难生活服务设施，可供居民紧急疏散、临时生活的安全场所。

3.2

基本设施　basic facilities

为保障避难人员基本生活需求，而应设置的配套设施。包括：救灾帐篷、简易活动房屋，医疗救护和卫生防疫设施，应急供水设施，应急供电设施，应急排污设施，应急厕所，应急垃圾储运设施，应急通道，应急标志等。

3.3

一般设施　general facilities

为改善避难人员生活条件，在基本设施的基础上应增设的配套设施。包括：应急消防设施，应急物资储备设施，应急指挥管理设施等。

3.4

综合设施　comprehensive facilities

为提高避难人员生活条件，在已有的基本设施、一般设施的基础上，应增设的配套设施。包括：应急停车场，应急停机坪，应急洗浴设施，应急通风设施，应急功能介绍设施等。

4　分类

地震应急避难场所分为以下三类：

——Ⅰ类地震应急避难场所：具备综合设施配置，可安置受助人员30 d以上；

——Ⅱ类地震应急避难场所：具备一般设施配置，可安置受助人员10 d～30 d；

——Ⅲ类地震应急避难场所：具备基本设施配置，可安置受助人员10 d以内。

5 场址要求

5.1 场址选择

下列场址可选作地震应急避难场所:

—— 公园(不包括动物园和公园内的文物古迹保护区域);

—— 绿地;

—— 广场;

—— 体育场;

—— 室内公共的场、馆、所。

5.2 安全性要求

5.2.1 应避开地震断裂带，洪涝、山体滑坡、泥石流等自然灾害易发生地段。

5.2.2 应选择地势较为平坦空旷且地势略高，易于排水，适宜搭建帐篷的地形。

5.2.3 应选择有毒气体储放地、易燃易爆物或核放射物储放地、高压输变电线路等设施对人身安全可能产生影响的范围之外。

5.2.4 应选择在高层建筑物、高耸构筑物的垮塌范围距离之外。

5.2.5 选择室内公共的场、馆、所作为地震应急避难场所或作为地震应急避难场所配套设施用房的，应达到当地抗震设防要求，并在地震发生后依照 GB 18208.2 — 2001 进行建筑物的安全鉴定，鉴定合格后方可启用。

5.3 可通达性要求

应急避难场所应有方向不同的两条以上与外界相通的疏散道路。

5.4 面积要求

场址有效面积宜大于 2 000 m^2。

人均居住面积应大于 1.5 m^2。

6 设施配置

6.1 基本设施配置

6.1.1 应急篷宿区设施

应设置满足应急生活需要的帐篷、活动简易房等临时用房。

6.1.2 医疗救护与卫生防疫设施

应设有临时或固定的用于紧急处置的医疗救护与卫生防疫设施。

6.1.3 应急供水设施

可选择设置供水管网，供水车、蓄水池、水井、机井等两种以上供水设施，并根据所选设施和当地水质配置用于净化自然水体成为直接饮用水的净化设备。

每 100 人应至少设一个水龙头，每 250 人应至少设一处饮水处。生活饮用水水质应达到 GB 5749 — 2006 规定的要求。

6.1.4 应急供电设施

应设置保障照明、医疗、通讯用电的具有多路电网供电系统或太阳能供电系统，或配置可移动发电机应急供电设施。

供、发电设施应具备防触电、防雷击保护措施。

6.1.5 应急排污系统

应设置满足应急生活需要和避免造成环境污染的排放管线、简易污水处理设施。

应急排污系统应与市政管道相连接或设立独立排污系统。

6.1.6 应急厕所

应设置满足应急生活需要的暗坑式厕所或移动式厕所。

应急厕所之间距离应小于100 m，且位于应急避难场所下风向设置。距离篷宿区30 m～50 m。

暗坑式厕所应具备水冲能力，并附设或单独设置化粪池。

6.1.7 应急垃圾储运设施

应设置满足应急生活需要的可移动的垃圾、废弃物分类储运设施。

应急垃圾储运设施距离应急篷宿区应大于5 m，且位于应急避难场所下风向设置。

6.1.8 应急通道

篷宿区周边和场所内要按照防火、卫生防疫要求设置通道。

6.1.9 应急标志

地震应急避难场所及周边应设置避难场所标志、人员疏导标志和应急避难功能分区标志。

6.2 一般设施配置

在基本设施的基础上增加以下设施。

6.2.1 应急消防设施

应急期间应急篷宿区应配置灭火工具或器材设施。

6.2.2 应急物资储备设施

应根据避难场所容纳的人数和生活时间，在应急避难场所内或周边设置储备应急生活物资的设施。

应利用应急避难场所内或周边的饭店、商店、超市、药店、仓库等进行应急物资储备。

场所周边的应急物资储备设施与地震应急避难场所的距离应小于500 m。

6.2.3 应急指挥管理设施

应设置广播、图像监控、有线通信、无线通信等应急管理设施。

广播系统应覆盖地震应急避难场所。

图像监控范围应覆盖应急篷宿区和地震应急避难场所内的道路。

6.3 综合设施配置

在基本设施、一般设施的基础上增加以下设施。

6.3.1 应急停车场

应急避难场所附近应设置应急车辆停车场。

6.3.2 应急停机坪

应急避难场所内或周边应设置供直升机起降的应急停机坪。

应急停机坪地面应平坦硬质，周围无高大建(构)筑物，保证直升机有升空平行安全角度。

6.3.3 应急洗浴设施

应结合应急厕所设置，增加洗浴功能或设立可移动式洗浴设施。

6.3.4 应急通风设施

通风条件有限的室内地震应急避难场所，应增设通风设施。

6.3.5 功能介绍设施

应设置功能介绍图板，宜设置触摸屏、电子屏幕等设施。

7 其他要求

7.1 标志设置要求

场所周边主干道、路口应设置指示标志。

场所出入口应设置避难场所主标志。

场所内主要通道路口应设置应急设置的指示标志。

场所内各类配套设施应设置明显的标志。

7.2 抗震性能要求

地震应急避难场所内的建(构)筑物，以及利用周边建(构)筑作为配套设施用房的建筑，应达到GB 18306 — 2001 规定的抗震设防要求。

7.3 篷宿区内分区要求

应急篷宿区应进行分区，每个应急篷宿分区不应超过1000 m^2；每个应急篷宿区之间间距应有大于2 m 的人行道。

7.4 无障碍要求

各类设施应考虑无障碍要求，按照JGJ 50 — 2001 的规定设置。

7.5 功能介绍要求

入口处要设置标有文字说明的地震应急避难场所平面图和周边居民疏散路线图。

7.6 场址有效面积要求

应扣除场地内水域占地面积，大于7°的陡坡占地面积，文物古迹保护占地面积，以及建(构)筑物倒塌影响的面积。

前　言

本标准由中国地震局提出。

本标准由全国地震标准化委员会(SAC/TC 225)归口。

本标准起草单位：中国地震局地震预测研究所、中国地震台网中心。

本标准主要起草人：蔡晋安、陈会忠、周克昌、唐毅、黎益仕、刘瑞丰、赵仲和、黄伟、林碧苍。

公共地震信息发布

1 范围

本标准规范公共地震信息发布中信息发布的内容、方式和应遵循的要求。

本标准适用于国内各级机构和单位从事面向公众的地震信息发布、转载和引用的所有活动。

2 规范性引用文件

下列文件中的条款通过本标准的引用而成为本标准的条款。凡是注日期的引用文件，其随后所有的修改单(不包括勘误的内容)或修订版均不适用于本标准，然而，鼓励根据本标准达成协议的各方研究是否可使用这些文件的最新版本。凡是不注日期的引用文件，其最新版本适用于本标准。

GB 3102.1　空间和时间的量和单位；

GB 3102.2　周期及其有关现象的量和单位

GB 17740 — 1999　地震震级的规定

GB/T 17742　中国地震烈度表

3 术语和定义

下列术语和定义适用于本标准。

3.1

公共地震信息　public earthquake - related information

面向社会公众的与地震有关的信息。

3.2

地震事件信息　earthquake event information

表述地震事件参数的信息，包括地震发生时间、地点、震级、震源深度以及震源过程等。

3.3

地震灾害信息　earthquake disaster information

与地震造成的灾害有关的信息，包括地震烈度、人员伤亡、经济损失、房屋及各类工程破坏情况、次生灾害、环境资源破坏、震灾调查与评估结果等信息。

3.4

地震监测信息　earthquake monitoring information

对地震发生及与地震发生有关的现象进行监视与观测的有关信息，包括地震监测台网布局、监测能力、监测设施、观测环境状况，台网规划、建设、管理等信息。

3.5

震灾防御信息　earthquake disaster - prevention information

与避免和减轻地震灾害的防御性工作有关的信息，包括防震减灾规划、政策法规、地震区划、抗震设防要求、抗震设计、防震减灾知识宣传等信息。

3.6

震灾救助信息　earthquake disaster - relief information

与震前应急防御和震后抢险救助有关的各种信息，涉及地震应急预案、震灾救援、避震和自救知识、避难设施等信息。

3.7

信息发布　information release

通过报刊、广播、电视、电话和互联网络等各种新闻媒体和通信工具对社会公众宣布有关方面信息的服务活动。

3.8

地震震级　earthquake magnitude

对地震大小的相对量度。

[GB 17740 — 1999 中的 2.1]

3.9

地震烈度　seismic intensity

地震引起的地面震动及其影响的强弱程度。

[GB/T 17742 — 2008 中的 2.1]

4　发布内容与要求

4.1　发布内容

公共地震信息包括地震事件信息、地震灾害信息、地震监测信息、震灾防御信息和震灾救助信息中服务于社会公众的信息。

4.2　发布要求

4.2.1　地震事件信息发布要求

4.2.1.1　对于首都圈地区 3 级以上地震、新疆、青海、内蒙古和西藏地区 5 级以上地震、国内其他地区含东部沿岸近海的 4 级以上地震、对社会造成影响的有感地震事件、境外 300 km 以内地区 6 级以上地震和国外其他地区 7 级以上地震，应在 1 h 之内向社会公众发布地震事件信息。

4.2.1.2　发布地震时间信息时，应使用中华人民共和国北京时间，国外地震可以加注当地时间和协调世界时(UTC)时间。表述格式应当完整，包括年、月、日、时、分。

4.2.1.3　发布地震地点信息时，应提供地震震中的地理经纬度和参考地名。地理经纬度表述格式为东(西)经×××.×度和北(南)纬××.×度。参考地名为行政区划地名或地理地名。对于行政地名，国内地震应提供地震震中位置所在的省(自治区、直辖市)、市和县(市)级名，发生在我国近海的地震应提供海域名，名称应使用国务院颁布的中华人民共和国行政区划地名；国外地震原则上应提供地震所在国家和地区或下一级行政区划名，以及距重要大城市的距离。

4.2.1.4　发布 4.2.1.1 规定的地震事件信息时，其震级应使用 GB 17740 — 1999 中规定的地震震级 M。国外地震可以使用所在国测定的地震震级，但是应同时说明我国地震台网测定的震级。

4.2.1.5　发布地震震源深度信息时，可采用×××km 格式表述。

4.2.2　地震灾害信息发布要求

4.2.2.1　发布地震烈度信息时，应使用 GB/T 17742 中规定的烈度。并可说明地震造成最大烈度的地区及相应的烈度值和受地震影响的地区及相应烈度值。国外地震可使用所在国或地区测定的烈度值，但可附带说明该国或地区采用的烈度标准。

4.2.2.2　发布地震灾害损失信息时，可提供地震宏观震中地点、受灾地区范围、人员伤亡、经济损失、交通、通信、供电、供水、供气等生命线工程和建(构)筑物破坏情况，以及次生灾害情况。还可提供由地震工作主管部门做出的地震灾害评估结果。

4.2.2.3　经济损失评估应采用人民币单位。国外地震可使用所在国货币单位，但应同时折合成美元值。

4.2.3　地震监测信息发布要求

4.2.3.1　发布当地地震监测台网能力时，应给出所使用的地震监测台网的建成时间。

4.2.3.2 发布地震监测台网布局信息时，涉及地域名字应使用国务院颁布的中华人民共和国行政区划地名。

4.2.4 震灾防御信息发布要求

4.2.4.1 发布防震减灾规划信息时，应公布规划内容、规划制定部门、批准部门和时间。

4.2.4.2 发布地震动参数区划信息时，参数单位应采用国家标准 GB 3102.1 和 GB 3102.2 的规定。

4.2.5 震灾救助信息发布要求

4.2.5.1 发布地震应急预案信息时，除公布应急预案内容外，应提供地震应急预案制定部门、实施部门、联系方式、预案制定时间和版本。

4.2.5.2 发布地震应急救援队伍信息时，应提供地震应急救援队伍人数、装备、所在位置和联系方式。

4.2.5.3 地震避难设施和疏散路线应在官方网站上或其他媒体上向社会公众发布，并应告知地震避难设施附近设置的指示标志含义。

4.2.5.4 地震避难设施信息应包含设施名称、地点、周边道路、交通方式、联系方式等，并提供平面示意图。地震疏散路线应注明疏散路线名称和方向。

4.2.6 信息发布其他要求

4.2.6.1 发布公共地震信息时，所使用的地图应采用经国家测绘行政主管部门审核和正式出版发行的地图。

4.2.6.2 转载或引用地震信息时，应确保信息来源的可靠性，避免造成地震误传、谣传。

4.2.6.3 从事发布公共地震信息的各项活动，应遵守国家有关法律、法规的规定，不得涉及国家秘密和危害国家安全。

4.2.6.4 发布公共地震信息，特别是地震灾害或救助信息时，应尊重不同国家或地区的民族风俗和宗教信仰。

5 发布方式

5.1 网络发布

可通过互联网络发布各类公共地震信息。

5.2 广播电视发布

可通过中央广播电台、中央电视台和各地广播电台、电视台播放各类公共地震信息。

5.3 报刊杂志发布

可在各类报刊杂志上发布各类公共地震信息。

5.4 手机短信平台发布

可通过手机短信平台用短信形式发布各类公共地震信息等。

5.5 地震信息服务咨询热线

可通过拨打地震信息服务专用固定电话咨询。

5.6 地震专题定制服务

可通过使用磁盘、光盘、纸介质等形式提供各类公共地震信息等。

6 发布质量管理

6.1 向社会公众发布的国内公共地震信息应来源于地震及相关工作主管部门公布的地震信息。对于国外7级以上的地震，转载外国新闻媒体的地震事件信息时应同时提供地震工作主管部门公布的地震事件信息。

6.2 地震工作主管部门应建立健全公共地震信息发布质量检查和监督机制，开展信息发布监督检查，受理对信息发布质量的投诉，并采取有效措施改进服务质量。

6.3 公共地震信息发布机构应制定公共地震信息发布方案，规范工作流程，及时发布公共地震信息，做好公共地震信息服务。

6.4 参加公共地震信息发布的人员应熟练掌握本岗位业务知识和操作技能。用于提供公共地震信息发布的各类设备，应检定合格，并具有安全保护措施。

参 考 文 献

［1］GB/T 18207.1—2008《防震减灾术语　第1部分：基本术语》
［2］GB/T 18207.2—2005《防震减灾术语　第2部分：专业术语》
［3］GB/T 15624.1—2003《服务标准化指南　第1部分：总则》